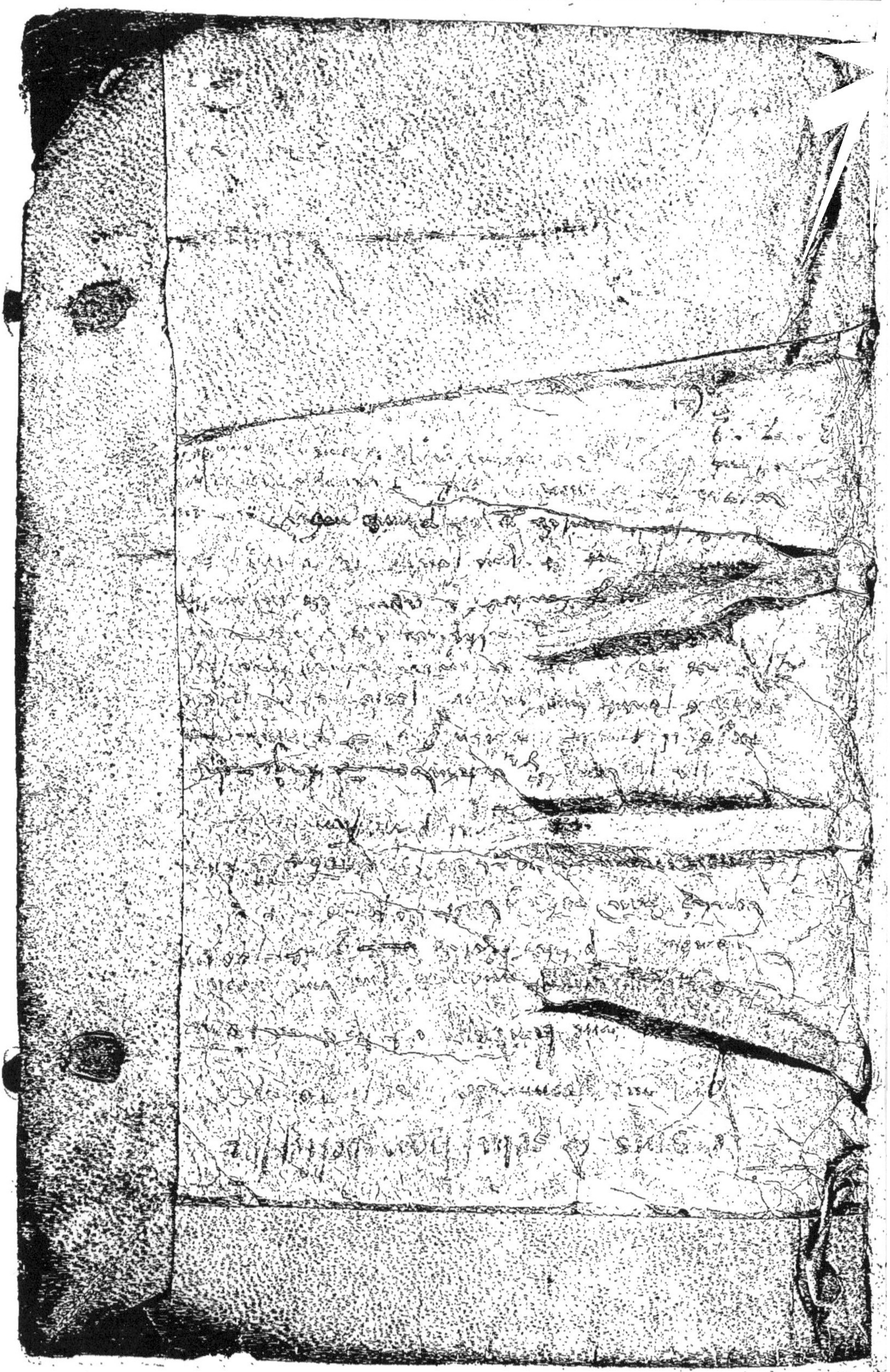

205/1

Manque le folio 73 signé T1

L'ART D'ARYTHMETIQVE CONTENANT TOVTE DIMENTION, TRES-SINGVLIER ET COMMODE, tant pour l'art militaire que autres calculations.

Auec priuilege du Roy.

f sebastien Carn

Imprimé à Paris, par Annet Briere, à l'enseigne sainct Sebastian, rue des Porées.

1554.

IEAN BOESSEAV
à l'Autheur.

Ie ne pourrois tousiours assez loüer
L'vtilité de ton Arythmetique,
Qui te fera par tout ciecle aduoüer
Par les humains, en ayant la pratique:
Ce ie ne dis d'vn propos fantastique:
Car qui tresbien aura examiné
Confessera que par vn don celique
Auras pour nous esté predestiné.

EXTRAICT DV PRIuilege du Roy.

HENRY par la grace de Dieu Roy de France, au Preuost de Paris, Bailly de Rouën, Seneschal de Lyon, & à tous noz autres iusticiers & officiers, ou à leurs lieutenans, salut. Receüe auons l'humble supplication de Ian Gentil, marchand de Paris, demeurant au Palais, comme puis-nagueres il ait recouuré vne petite coppie, contenant quatre petits liures, dont l'vn est intitulé l'art d'Arithmetique, le second Musique, le tiers le ieu Pythagorique, dit Rhythmomachie, le quart abregement de l'Art poetique, composé par maistre Claude Boeßiere Daulphinois. Laquelle coppie il feroit voluntiers imprimer: A quoy luy conuiendroit faire plusicurs fraiz, tant à la taille des figures qu'a l'impreßion & autres fraiz neceßaires a telles choses: Mais luy craignãt que l'enuie d'aucuns Imprimeurs ou Libraires voyans iceux imprimez à ses fraiz & despens, ne voulussent tout incontinent les faire imprimer ensemble ou separément, ou y adiouster soubz couleur & pretexte de les aliener, & frustrer ledict suppliant, s'il ne luy estoit donné de grace special congé & priuilege de huict ans, ou autre terme qu'il nous plairoit luy donner.

Parquoy nous ces choses considerées, desirans obuier & aider à la requeste dudict suppliant, ne voulant son labeur estre frustré ne perdu, ne le recouurement de ses fraiz & mises estre empesché: pour ces causes auons audict suppliant de grace special donné & octroyé, dõnons & octroyõs par ces presentes, congé, priuilege & permission audict suppliant, d'imprimer ou faire imprimer & vendre lesdictz liures, auec inhibitions & defenses à tous Libraires & imprimeurs de nostre royaume, de faire imprimer ne vendre lesdictz liures ainsi imprimez, ne mettre ou adiouster aucun d'iceux liures auec autres, en aucune maniere que ce soit, à son preiudice & dommage, iusques a huict ans prochainement venant, finiz & acompliz, à commẽcer du iour que lesdictz liures seront acheuez d'imprimer, sur peine de confiscatiõ des liures qu'ilz auroyent imprimez ou venduz, & saisissement de ceulx qui seront trouuez en leurs possessions & ailleurs, & d'amende arbitraire: Nonobstant oppositions ou appellations quelzconques, lesdictes inhibitiõs & defenses tenans: car tel est nostre plaisir.

Donné à Paris le septiesme iour de Septembre l'an de grace mil cinq cens cinquantequatre.

Par le Conseil.

DE THOV.

A TRESDOCTE ET NOBLE SEIGNEVR PIERRE D'ANIERES CONSEILLER AVX generaux à Paris C. de Boiſsiere ſalut.

Conſiderãt l'affectiõ que touſiours vous ay congneüe aux bonnes lettres, mõ treshõnoré ſeigneur, & le bõvouloir que vous congnois auoir enuers moy, vous ay voulu preſenter & dedier ce mien petit œuure : non pas que i'eſtime le preſent eſtre reſpõdant à voſtre excellence, ains affin que le ſtudieux & vertueux ayt fruition de mes labeurs, ſoubz voſtre nom & protection, dont recognoiſſe tenir ce de vous, comme du pere & zelateur de toute bonne & excellente diſcipline.

CHARLES DE BEAV-
mont, A tresnoble & amateur de
ſçauoir, Monſieur Pierre d'A-
nieres, Conſeillier aux
generaux de
Paris.

QVi eſt celuy qui tant facilement
Faict explicquer en la langue Gallique,
Les arts ſubtils à tout entendement,
Des quantitez par la Mathematique
Ce bien ſi grand faict à la republique,
Ce ſeigneur cy, ainſi que poüez voir,
Duquel le nom en la langue hebraique,
Monſtre auoir plus que terreſtre ſçauoir.

L'ART D'ARITHMETIQVE CONTENANT TOVTE DIMENTION,

Tresſingulier & commode tant pour l'art militaire que autres calculations.

LA tant excellente, diuine & admirable prouidẽce tellement a conſtitué & diſpoſé toute creature en ceſte machine du monde, qu'il n'y a nation tant hebetée & brutalle, laquelle congnoiſſant la quantité & grandeur des choſes crées, ne ſoit attirée à contempler l'indicible & non iamais aſſez loüée eſſence du createur. Et pour ce, conſiderãt que toute quãtité congneüe cõſiſte en certains nombres, me ſuis oſé preſumer de rediger l'art deſdictz nõbres (dict chiffre) en tel ordre & abregement, que non ſeulement par iceluy pourrons aiſement exercer noz negoces, tant militaires, domeſtiques que autres calculations: Mais auſsi aucunement comtempler les choſes ſpirituelles, comprinſes auſdictz nõbres. Or delaiſſées toutes authoritez des Philoſophes, qui ont tellement reueré ceſt art, que d'icelluy eſtimoiẽt dieu auoir composé noz ames, viendrons à la diffinitiõ & diuiſion d'icelluy; cõme s'enſuit.

Diffinition & diuision de l'art.

ARithmetique est l'art de nõbrer: & se diuise en deux parties, sçauoir est en theorique & pratique. Arithmetique theorique est celle par laquelle auons consideration des nõbres en eux mesmes selõ leur proprieté & habitude. Arithmetiq̃ pratique est, par laquelle cõsiderons le nombre en son subiect: & ses deux parties poursuiurons ensemble selon leur proprietez & effaictz, ainsi que verrons estre necessaire aux suiuantes operations: toutesfois auant que plus oultre proceder, proposerons la diffinition & espece des nombres.

Nõbre est l'addition d'vne ou plusieurs vnitez à vne autre, contenant & designant en somme la quantité desirée: comme deux, trois, & autres telz. Mais note icy l'vnité seule n'estre point nombre, Ains cõmencemẽt de nombre. Et quant aux especes & proprietez des nõbres, nous les auons disposez comme estoit requis pour l'intelligence de nostre petit œuure: sçauoir est les premieres especes qui concernent les principes, auons mis au commencement, & celles appertenantes aux figures, auons mis auecq les figures: & celles lesquelles appartenoyent aux proportions, auec les proportions. Et par ce que les principes, figures, & proportions ne peuuent estre traictez en vn mesme lieu, auons esté contrainctz de disposer en diuers lieux lesdictes especes & proprietez des nombres de la theorique, pour icelles accommoder à la pratique: & à present commencerons

rons à ceux qui sont necessaires aux principes, toutesfois veux aduertir le studieux lecteur, que s'il y a quelque chose laquelle pour le present, luy soit veüe difficile, qu'en icelle ne s'arreste, estant asseuré q̃ ce qu'a present luy pourroit estre obscur, apres les operations suyuantes luy sera cler & tresfacile.

Des especes des nombres commodes pour les principes, & premierement des pairs.

NOmbre pair est celuy qui ce peult diuiser en deux parties esgalles cõme six, huict, douze.

Nombre impair est celuy qui ne se peult diuiser en deux parties sãs fractiõ, comme neuf, cinq, trois.

Nombre pair à trois especes, sçauoir est nõbre pareillement pair, nombre pareillement nompair, & nombre pareillement pair.

Nombre pareillement pair est celuy qui ne se peult diuiser ne partir qu'en nombre pair cõme huict, seize, quatre. seize en 8, & huict en 4.

Nombre nonpareillement pair, est celuy lequel estant pair, toutesfois ne se peult partir ne diuiser qu'en parties non pareilles, sçauoir est non esgalles: comme dix, quatorze, dixhuict.

Nombre pair pareillement, & non pareillement est celuy qui se peult diuiser & partir en parties qui peuuent apres estre du nombre pair ou biẽ du nombre impair: cõme douze, vingt, vingt quatre. Exemple, douze parties en trois rapporteront le nombre pair qui ſera quatre. Et s'il eſt party en quatre, raportera le nombre impair, qui ſera trois, & ainſi des autres.

De rechef ſe diuiſe le nombre en parfaict & imparfaict. Nombre parfaict eſt celuy lequel eſt iuſtement acompli par l'addition de ces parties, cõme 6: Car ſi tu adiouſtes les parties par leſquelles 6 peult eſtre party, qui ſont 2, 3, & vn, icelles parties aſſẽblées te raporterõt 6.

Nombre imparfait ſe diuiſe en diminué & abondant. Nombre diminué eſt celuy duquel les parties adiouſtées ne le peuuẽt accomplir. Et pour exẽple prendrons 10, qui ſe peult partir en 5, 2, & vn: toutesfois ces trois parties 5, 2, & vn ne rapportent que huict.

Nombre abondant eſt celuy duquel les parties adiouſtées raportent plus que de ſa valeur, cõme 12, duquel les parties auſquelles il pourroit eſtre diuiſé qui ſont 6, 4, 3, 2 & vn, raportent non ſeulement 12, ains ſeize.

Les nombres premiers ſont ceux qui nullement ne peuuent eſtre partiz ne diuiſez ſinon par vne vnité: comme 3, 7, 11, 13. Les nombres contre ſoy premiers ſont, quant vn nombre eſt prins au reſpect d'vn autre & que iceux deux ne peuuent eſtre partiz ne diuiſez en meſmes parties. Cõme 3 au reſpect de 5, ou 7, à l'eſgard de 13, & ainſi des autres. Et quant aux autres eſpeces, en parlerons en leur lieu, ce pendant pourſuyurons la declaration du nom & ordre du chiffre.

Du

Centaine.	Disaine.	Nombre.	Centaine.	Disaine.	Nombre.	Centaine.	Disaine.	Nombre.	Centaine.	Disaine.	Nombre.	Centaine.	Disaine.	Nombre.	Centaine.	Disaine.	Nombre.
0	0	0	0	0	0	0	0	0	0	0	0	0	0	0	0	0	0
Mille de Billions,			*Billions.*			*Mille de Millions*			*Millions,*			*Mille*			*Vnitez.*		

Centaine.	Disaine.	Nombre.	Centaine.	Disaine.	Nombre.	Centaine.	Disaine.	Nombre.	Centaine.	Disaine.	Nombre.	Centaine.	Disaine.	Nombre.	Centaine.	Disaine.	Nombre.
0	0	0	0	0	0	0	0	0	0	0	0	0	0	0	0	0	0
Mille de Quintillions.			*Quintilliõs,*			*Mille de quatrillions.*			*Quatrilliõs.*			*Mille de trilliõs.*			*Trilliõs.*		

Du Nombre Article, digite & composé.

TV doibs icy considerer que tout nombre est arti cle, digite, ou cõposé, ce que tenons des anciens : lesquelz apres auoir comté par leurs doigtz iusques à dix, comtoient le dixiesme par les ioinctures & articles de la main.

Nombre digite est, celuy qui est contenu dedans le nombre de neuf. Comme auons exprimé par les characteres precedens, 1, 2, 3, 4, 5, 6, 7, 8, 9.

Nombre article est, auquel rondement est cõprins vne fois ou plusieurs fois, le nombre de dix: comme six, vingt, trente, & autres.

Nombre composé est, qui contient l'article & le digite ensemble cõme vnze contient dix, qui est article, & vne vnité, qui est digite: & ainsi des autres. Parquoy apres auoir consideré le

que iaçoit que ceste triade nõbre, dixaine, centaine, Tousiours se repete, tendant de la dextre à senestre: ce neãtmoins la premiere triade sera d'vnitez simples: La seconde, de milles: La tierce de millions: La quarte, de mille de millons: La quinte, de bimillions: La sixesme, mille de bimillions: La septiesme, trimillions: La huictiesme, mille de trimilions: La neufiesme, quadrimillions: La dixiesme, mille de quadrimillions. Et ainsi adioustant à ladicte diction de milliõ, bi, tri, quadri: & autres telz nõbres, pourras forger quantité innumerable: en ceste condition que le suiuant de chascune triade, vaudra dix des precedens. Comme vn million, dix cents mille: mille de millions, dix cens millions: bimilions, vauldra dix cẽts millions: & ainsi des autres. Reste que pour fuir l'amphibologie de bimilliõs (quãd on le voudroit prendre pour deux milliõs) nous le prenãt pour cent mille de milliõs, dirons billion & non bimillion; trillion, & nõ trimillion: & telles diuersitez de triades pourras distinguer tousiours par ces noms comme tu voys en cest exemple, designé par lieux euidens. A sçauoir par o, & ainsi pourras proceder en infini.

EN ce conuiennent quasi toutes nations de l'vniuersel qu'en leurs cõptes vulgaires ne passent le nombre de dix, comme est facile à veoir en nostre langue françoise: car estãt paruenu au nombre de dix, de rechef retournons au commencement, disant vnze, douze, treze, qui n'est autre chose que la repetition d'vn, deux, trois, & ainsi des autres: seulement sont vn peu changez ces noms par l'addition d'vne syllabe, qui est ze. Tout ainsi comme par l'additiõ de zere o, sont designées les loges du chiffre, comme auons predict. C'est cas admirable de voir toutes choses diuerses entre les natiõs, fors la mesure & degrez des quantitez comprises soubz le nombre de dix. Toutesfois ce ne sera chose grandement admirable, si tu consideres mesmes que l'homme n'est nombré entre les hõmes, qu'au dixiesme moys. Et en outre que par dix doigtz de noz mains ou de noz piedz, dieu nous a designé ses dix commandemens de la loy, à celle fin que noz œuures & voyes, par iceux fussẽt signifiées & terminées.

Des quatre operations principales de l'art de nombrer, dict Arithmetique ou chiffre.

IAçoit que puisions dire toute quantité estre faicte ou par augmentation ou par diminution, & par consequence n'estre que deux sortes d'operatiõs, sçauoir est addition & substractiõ: Toutesfois pour n'offencer ceux qui desia sont commencez & instituez, procederõs aux

nõbre proposé, soit simple ou composé, prens tousiours le digite, & le situe à la premiere loge. Apres ce, regarde si l'article contient vne dizaine ou plusieurs. Et autant de dizaines qu'il contiendra, retiẽdras d'vnitez: pour apres les situer en la loge suyuante. Comme s'il y a trois dizaines, qui vallent 30, retiendras 3: s'il y a deux, qui vallẽt 20, retiendras 2, & ainsi des autres: lequel nombre retenu, situeras apres à la loge suyuante, qui est la loge des dizaines, & pour exemple, prenõs le nombre de dixneuf, lequel est composé de neuf, qui est digite, & dix qui est article: situe donc le digite, qui est neuf, en la premiere loge, & retiens pour l'article vne vnité, pour situer en la loge suyuãte, & ainsi des autres. Mais si c'est vn nõbre simple d'article, comme quarãte, voyant qu'il n'y a nul digite pour mettre à la premiere loge, situeras en icelle premiere 0, qui est le signe des loges vuides, pour denoter la premiere loge: par ce que tõ nombre, qui est article, requiert estre situé en la loge suyuante, & ainsi poseray 4 en icelle suyuante en ceste sorte 40. Et sur ce te fault tousiours noter, que toute vnité de la loge suiuante vault dix vnitez de la precedẽte. Parquoy toutesfois & quantes que seras paruenu au nombre article, contenant vne dizaine ou plus, doibz garder autant d'vnitez pour exprimer & noter icelles dizaines en la loge suiuante comme auons monstré.

De la conuenance du chiffre.

En

l'article qui eſt vn, pour la loge ſuyuãte. Et procedãt oultre, diras: vn que ie tiens & troys ſont 4 & deux ſont 6: Lequel noteras encores ſoubz la ligne. Et apres diras 7 & 3 ſont dix, qui eſt article, parquoy garderas vne vnité pour la noter à la loge ſuyuante, & au lieu d'elle ſoubz la ligne mettras vn o, pour deſigner la loge vuide. Et apres diras, vn que ie tiens & 9 & o, ne ſont que dix, parquoy cõme deuant retiẽdras vne vnité, & marqueras la loge vuide ſoubz la ligne: Apres diras, ie tiẽs vne vnité & 9 ſont dix. De rechef donc retiendras vne vnité pour dix, qui eſt article, & marqueras la loge vuide comme auons dict. Et oultre diras ie tiens vn & trois, & o ſont quatre, leſquelz noteras en la ſomme. Conſequẽment diras, 9 & 9 ſont dixhuict: donc noteras 8, & retiẽdras vn pour dix: lequel retenu voyant qu'il n'y a nulle loge ſuyuante ou le mettre, luy preſuppoſeras vne loge nouuelle au ſuyuãt degré à la ſeneſtre, ou tu le mettras, comme appert au precedent exemple, ou ſont comprins tous les accidẽs d'addition. Mais ſi tu auois pluſieurs nombres à adiouſter, comme en ce ſuyuant exemple: ſera licite faire premier pluſieurs petites additions, ſituant les ſommes à coſté, & apres aſſemblant leſdictes ſommes en vne, auras le nombre deſiré.

operations selon l'anciẽne forme: neantmoins assez declarant nostre entreprinse. Disons dõc l'art des nombres auoir quatre especes d'operation. A sçauoir, Addition, Substractiõ, Multiplication, & diuision.

De l'Addition.

Addition est, adiouster vne ou plusieurs quantitez à vne autre, pour auoir la somme totalle: en laquelle sont trois quantitez à considerer. Premierement celle en laquelle on adiouste, celle qui est à adiouster & la somme. Ces quantitez te sont monstrées en cest exemple par ces 3 lettres A, B, C.

Exemple.

Nombres à adiouster	9 0 0 0 3 2 6 0 2	A
	9 3 9 9 7 3 9 0 1	B
Somme	1 8 4 0 0 0 6 5 0 3	C

Ayant ainsi disposé ton nombre, auquel tu doibz adiouster, signé par A, & ton nombre à adiouster denoté par B, metteras vne ligne, cõme tu vois au precedent exemple & au dessoubz d'icelle, noteras la sõme en la forme qui s'ésuyt. Premieremẽt cõmençant à la dextre, adiousteras les deux nõbres de A, & B, disant vn & deux sont trois, apres escriras ces trois au dessoubz de la virgule au droict de C. Et apres viendras à la seconde loge disant o & o, est o, & mettras au dessoubz de la virgule o. Et apres diras 9 & 6 sont 15, & escriras le digite qui est 5 soubz la virgule, & retiendras l'ar-

blable à la ligne de E, & conſequẽment à celle de F. Et apres au deſſoubz de toutes ces additions, cõſtitue vne ligne, ſoubz laquelle feras l'vniuerſelle addition des trois lignes prouenuz de toutes les autres ſommes particulierement faictes, cõme apert par lexẽple precedẽt.
Item ſi tu veulx adiouſter quelque ſomme de diuerſes eſpeces, comme francs, ſolz, deniers tout par vn meſme moyen d'addition, cõuiẽdra eſcripre leurs diuers noms au deſſus de leurs nombres. Et quant le nombre precedẽt du coſte droict attaindra la valleur de quelque piece ou vnite du nõbre ſuyuãt, ne le marqueras point ſoubz ſon tiltre, ains le nõbreras par vn des ſuyuãs deſquelz ilz a attainct la valleur.

Exemple.

Francz		Soubz		Tournois	
8	5	2	8	3	4
4	1	4	1	2	7
1 2	9	1	4		1

Commence à la dextre ſoubz le tiltre des tournois diſant 7 & 4 ſont 11, Ie poſe 1 & tiẽs vng. vng que ie tiens & 2 ſont 3 & 3 ſont 6, lequel 6 au nombre des dizaines vault 60. Or ie conſidere que 60 tournois vallent 5 ſolz, parquoy ie ne ſigneray point mes 60 au nombre de tournois, mais pource quil ont attaint la valeur de certains ſolz a ſçauoir de 5 au lieu deſdictz 60 deniers, Ie retienderay cinq

Exemple.

4	7	9					
7	3	8					
8	1	7					
							D
1	2	6	2	0	3	4	
2	3	7					
4	4	5					
							E
3	2	4		8	0	8	
5	1	3					
1	5	4					
							F
				9	9	1	
			3	8	3	3	

PRemierement diuiſeras le nombre à adiouſter, par autant de virgules que bon te ſemblera: & ſoubz chaſcune deſdictes virgules, feras l'additiõ du chiffre cõtenu au deſſus. Pour exemple, prenõs le nombre qui eſt ſur la ligne D. Nous dirons 7 & 8 ſont 15, & puis 9 ſont 24: ie note 4 ſoubz ladicte ligne & retiens l'article qui eſt deux. Apres ie dictz deux que ie tiens & vn ſont 3, & 3 ſont 6, & 7 ſont 13: ie note 3 ſoubz la virgule & retiens vn. Et apres cõſequẽment ie viens à la tierce ligne, & dis vn que ie tiens & 8 ſont 9, & 7 ſont 16, & 4 ſont 20: ie note 0 & tiens 2, leſquelz ie note apres. Et ainſi ayãt parfait la ligne de D, Ie deſcends à vne chaſcune des autres lignes & fais le ſembla-

ſ'il eſtoit mis au deſſoubz, ſinon que t'eſtant en ce exercité, auras grande facilité apres à la diuiſion, de laquelle le reſte eſt auſsi ſitué deſſus. Parquoy ayāt ainſi diſpoſé ta ſōme ſignée par A & ton nōbre à ſubſtraire par B, mettras vne ligne cōmme tu vois au precedent exemple, & au deſſus d'icelle noteras la reſte, ainſi que s'en ſuit. Premieremēt començant à la dextre, ſubſtrairas le nombre de B, du nombre d'A, diſant 2 de 3, reſte 1, lequel eſcriras ſur la ligne, au nombre de C. puis apres viendras à la loge ſuyuante diſant, o de o ne reſte rien tu marqueras donc au nombre de C vn o. Or venant à la tierce loge diras, 6 de 5 ie ne puis. Te fault donc noter que toutesfois & quātes qu'vn chiffre ne ce peult ſubſtraire de celuy qui eſt deſſus, conuiendra preuenir & anticiper par maniere d'ēprunt, vne vnité du nombre ſuyuant eſtant à ſeneſtre, & fuſt il 6 loges apres. Nous emprūterons dōe vne vnité du nombre ſuyuant, qui eſt 6, laquelle (comme deſia auōs dict) vault dix, au reſpect de la loge precedente. Donc quand en icelle precedente trouueras 5 auec 10 cōme tu vois, acompliront 15, & alors facilement pourras de 15 ſubſtraire 6. Je diray donc 6 de 5 ie ne puis, 6 de 15 reſte 9 lequel 9 poſe au nombre de C. Or maintenant ſouuien ne toy que tu as emprunté vn de 6 & que tu ne l'as pas ſubſtraict audict 6, parquoy ſubſtrayant le nōbre ſuyuāt, qui eſt 2, d'icelluy 6, ſubſtrairas auſsi ton vnité tout enſemble, diſant de rechef, 1 que ie tiens & 2 ſont 3, 3 de 6, reſte 3 pour marquer au nombre des ſolz, diſant 5 que ie tiens & vng ſont 6, & 8 ſont 14, ie poſe 4 & tiens 1. Apres 1 que ie tiẽs & 4 ſont 5 & 2 ſont 7, leſquelz 7 ſont au nõbre des dizaines, parquoy valent 70. or en ſeptante il y a 3 francz dix ſoulz, parquoy ie poſe vng pour dix en la dizaine des ſolz, & retiens 3 pour nombrer entre les francz, diſant, 3 que ie tiens & vn ſont 4 & 5 ſont 9, ie marque 9. Conſequemment ie dictz 4 & 8 ſont 12, ie poſe 2 & retiens 1, lequel apres mectz en la loge ſuyuante & ainſi concluray ladicte ſomme valoir 129 francs 14 ſolz 1 tournois, comme appert au deſſoubz des francs, ſolz & tournois.

De Subſtraction.

SVbſtraction eſt, ſubſtraire vn nombre & vne quãtité d'vne ſomme pour auoir notoire le le reſte. En laquelle ſont troys quantitez à conſiderer, c'eſt aſcauoir la ſomme, le nombre à ſubſtraire & le reſte que les marchandz diſent debte, paye, reſte. Leſquelles troys quã titez ſont deſignées par lexẽple ſuyuant en ces trois lettres A B C.

Reſte	9 3 9 9 7 3 9 0 1 C.
Debte ou ſomme	1 8 4 0 0 0 6 5 0 3 A.
Paye ou à Subſtraire	9 0 0 0 3 2 6 0 2 B.

NE te ſoit eſtrange ſi i'ay mis le reſte de ceſte Subſtraction au deſſus, contre la couſtume des autres, car ce n'eſt nõplus que

La preuue d'Addition & Substraction.

IE t'ay voulu proposer mesme chiffre à la substraction qu'au parauant auois faict à l'ad ditiõ, pour te monstrer plus facilemẽt que l'vne opperation est preuue de l'aultre, car si la substraction dõne vne somme en substray ant vne quantité d'icelle, l'addition readiou-stant icelle quantité rapportera l'entiere som-me. Au contraire si apres que par addition au-ras adiousté deux quantitez en vne sõme, si par substractiõ apres en substraictz & separé vne de l'autre, l'autre des deux se presẽtera en la reste.

Exemple.

	9	3	9	9	7	3	9	0	1	C
1	8	4	0	0	0	6	5	0	3	A
	9	0	0	0	3	2	6	0	2	B

APres auoir substraict le nombre de B du nõ bre de A, est prouenu en la reste le nombre de C. Parquoy pour prouuer si ton oppera tion est bõne, adiouste le nombre de B que tu auois substraict, au nombre de C (qui est la re-ste de toute la somme de A) & verras si ton ope ration est bonne, que ledict nombre substraict B & le reste de la somme adiousté, ne sera diffe rant de la somme toute qui est A. Prens donc le premier element au nombre de reste qui est 1, & l'adiouste auec le premier du nõbre de B substraict, qui est 2, & prouiendra 3: & verras que tel est le premier charactere du nombre de A, contenant le cõmancement de toute la som-

lesquelz ayãt mis sur la virgule, viendras à la loge suyuãte disant aussi, 3 de o ie ne puis, i'emprunte vng du 4 suyuant qui est à la quatriesme loge, & presuppose lauoir emprunté de la loge prochaine, car tout reuiendra à vn disant dõc, 3 de o ie ne puis, I'emprunte vn qui vault 10, & dis ainsi 3 de 10 reste 7, I'escrips 7 au nõbre de C. Apres pource q̃ ie n'ay substraict l'vnité empruntée ie, viens au suyuant lieu, disant 1 que ie tiens & o ce n'est qu'vn, lequel ie ne puis substraire de o: Ie diray dõc 1 de 10 reste 9 ie pose 9 & tiens 1, & en oultre à l'autre loge, 1 que ie tiẽs & o n'est que 1, vn de o ie ne puis 1 de 10 reste 9, ie pose 9 & retiens encores 1 & puis dis cõsequẽment 1 que ie tiens & o n'est que 1, 1 de 4 reste 3, ie pose 3. Apres 9 de 8 ie ne puis, 9 de 18 reste 9. Or maintenant affin que tant d'empruntemãs ne te laissẽt douteux, cõtemple le nombre comprins depuis D iusques à E, & tu verras que l'vnité que tu as emprũtée des 4 pour substraire les 8 au respect de la loge dudict 3, estoit vn mille, parquoy pẽce en toy cõme ayãt osté 3 de mille, ne reste que 9 9,7, cõme tu vois en la reste depuis la substractiõ dudict 3, iusque à 4. Et note qu'en c'est exemple sont contenuz tous les accidens de substraction. Parquoy si le begnin lecteur s'exerce en icelluy, ne trouuera difficulté en aulcun aultre, & luy sera grãd ayde à la diuissiõ, car la diuision n'est aultre que substraction reprinse plusieurs foys.

proposé pour vne vnité, vn double ducat: de laquelle vnité sera la valeur cinq francz: & faignons vouloir auoir la valeur de plusieurs vnitez semblables, en proposant 8. Pour ce faire, reprens & adiouste par vne chascune vnité d'iceux 8, ladicte valeur conuenante à vne d'icelles vnitez qui sera cinq francs, & auras la valeur des francz, correspondante aux huict vnitez des ducatz, qui sera 40 francs. Au contraire se fera la diuision. Exemple. Ie veux sçauoir combien de ducatz correspondent à 40 francz. Premieremẽt prens la valeur des frãcs conuenante à vne vnité des doubles ducatz, laquelle est cinq francz, & iceux cinq reprens & substrais plusieurs fois de la somme & valeur correspondante à plusieurs vnitez, qui est 40 francs, & noteras les fois combien tu l'as substraicte, & icelle adnotation te monstrera les vnitez correspondantes à ladicte somme 40 francz: Car autant de fois que tu as substraict de la somme 40, la valeur d'vne vnité cinq, autant de fois falloit-il que ladicte vnité y fust contenue par sa valeur 5, & seront lesdictes vnitez huict, ainsi que 40 francs valent huict doubles ducatz. Or par ce qu'en la pratique de ces deux operatiõs multiplication & diuision (comme appert par les precedens exemples) n'auons eu que trois nombres, dont le premier estoit 8 vnitez de ducatz, le second, la valeur de cinq francs, conuenante à vne vnité, & le tiers, le nõbre 40 francz valant plusieurs vnitez: m'a semblé bon pour le soulas du studieux

me. Apres pourſuis adiouſtant touſiours le ſuperieur au plus bas, & verras ſãs doubte le prouenu n'eſtre autre choſe que le nombre moyen qui eſt de toute la ſomme en la ligne de A.

Preuue de l'addition.

PResuppoſons que tu ayes adiouſté le nombre de B au nombre de C, cõme as faict cy deſſus en l'addition, il eſt ſeur que ſi tu ſubſtrais apres l'vn d'iceux deux nõbres de la ſomme de A, facilement verras que le nombre de reſte te rapportera l'autre cõme as veu au prochain exẽple de ſubſtraction, qu'en ſubſtrayãt le nombre de B, du nombre A, prouenoit le nõbre de C, lequel auoit eſté adiouſté en l'addition, de C, & n'eſt beſoing d'autre exemple.

De multiplication & diuiſion enſemble.

MVltiplication & diuiſion ne ſont autre choſe qu'addition & ſubſtractiõ reprinſes, commes appert par leurs diffinitions & effectz. Car multiplication eſt, reprendre & adiouſter pluſieurs fois la valeur correſpondante à quelque vnité propoſée, pour voir en ſomme la valeur correſpondante à pluſieurs. Et diuiſion eſt, reprendre & ſubſtraire pluſieurs fois d'vne ſomme, la valeur correſpondante à quelque vnité propoſée, pour voir combien d'vnitez ſont correſpondantes à toute la ſomme. Et pour exemple de la multiplication, ſoit

pro-

Les termes des nombres.

Multiplication Nombre		Diuision Nombre	
à multiplier multipliant prouenu	Graue à reprẽdre leger.	àdiuiser quotiẽt diuiseur	leger graue a reprẽdre.

De multiplication seule.

AVoir trouué trois termes conuenans aux trois nombres de la multiplication & diuision, poursuyurons icelles operations vne chacune a part, les diffinissant selon iceux termes. Et premierement dirons multiplication est, reprendre & adiouster la valleur respondante à vne chascune vnité du nombre graue, pour auoir le nombre legier conuenant en valleur au nombre graue. Iay icy marqué ces troys nombres par ces trois lettre. A B C.

Graue			3	0	2	4	0	A
A Reprendre					4	2	0	B
			6	0	4	8		
	1	2	0	9	6			

Leger multiplice,

1 2 7 0 0 8 0 0, C

AYant ainsi disposé le nombre graue designé par A, & le nombre a reprendre au dessouz, Noté par, B, auoir pareillement mis

lecteur, de choisir trois termes propres à ses trois nombres, desquelz puissions vser tant en la multiplicatiõ que diuisiõ. Par ce dõc qu'aux precedens exemples de multiplication & diuision, auõs obserué tousiours estre reprins l'vn de ces trois nombres, à sçauoir cinq francz, que designoit la valleur de l'unité proposée qui est vn double ducat, sera fort propre qu'iceluy cinq ou autre tel nombre soit appellé nombre à reprendre. Semblablement d'autant que les parties du nombre de plusieurs vnitez qui estoient huict ducatz, valloiét plus que les parties de la valleur de plusieurs vnitez quarante francz, & toutesfois estoient moindres en nombre: M'a semblé fort conuenable qu'iceluy nombre d'vnités, qui est moindre en nombre duquel les parties sont de plus grand valleur, soit appellé nobre graue, & celuy de quarante, lequel iaçoit qu'il soit plus grand en nombre, toutesfois ses parties sont de moindre valleur, soit appellé nombre leger, & ainsi aurõs trois termes desquelz pourrons vser tant en la multiplication que diuision, ce neantmoins pour cõferer iceulx trois termes aux autres qui sont atribuez ausdictes deux operations, les proposeray en la presente figure.

i'escriptz souz la ligne apres o. Et ainsi ayant parfaict l'operation de mon dernier charactere a reprendre qui est 4 le signeray d'vne virgule en ceste sorte 4. Reste que pour auoir mon nõbre leger en vne quantité, face vne addition de tout le prouenu, mettant vne ligne au dessouz disant 8 sont 8, ie mettray 8 soubz la ligne. Apres 6 & 4 sont 10, ie pose o & tiens 1. Apres 1 que ie tiẽs & o cest 1, & 6 sont 7, ie pose dõc 7. Et consequemment ie viens a deux, & note iceluy au dessouz de la virgule, mettãt vne vnité derriere. Et cecy ainsi parfaict, noublieras aussi les deux oo qui estoient à la premiere loge du nõbre de A & B & les mettras au frõt du prouenu, comme il apert au precedent exemple, lequel si tu as bien noté en pourras inuenter & faire tant quil te plaira.

Sensuit la petite multiplication des digites.

IL y a aussi vne petite multiplicatiõ nõ à mespriser, qui se fait quant le nombre graue & le nõbre à reprendre sont cõtenuz en 2 characteres, lesquelz ensemble pour le moins valent 10, ou bien plus. Comme par maniere de dire si on dit 3 foys 8 cõbien est-ce? desia appert-il que 3 & 8 valent plus de 10 parquoy facilement auras le nombre requis, ainsi que s'ẽsuyt. Premierement ie situeray lequel ie vouldray des deux nombres sur l'autre, puis feray vne croix qui puisse partir les 2 nombres: apres verray combien vn chascun differe de dix, & la differẽce d'vn chascun des 2 mettray au droict a l'opposite comme icy apert.

vne ligne au dessoubz: reprendras & adiousteras le nombre a reprẽdre par vne chascune vnité du nombre graue cõmençant au costé droit. Et pource qu'aux premiers lieux desdictz A & B, se presenterõt deux oo, sans en faire mention, viendrons à la seconde loge, & prẽdrons le premier charactere de la ligne, B, qui est 2, & iceluy reprendrons & redoublerons par toutes les vnitez du nombre graue A, disant 2 par 4 sõt 8, ie pose 8 soubz la ligne au droict de 2, nombre a reprendre. Apres ie viens a la seconde loge, disant 2 par 2 sont 4, ie pose 4 soubz la ligne. Apres ie dis 2 par o, cest o, ie pose o, soubz la ligne. En oultre diras 2 par 3 sont 6, ie pose donc 6 soubz la predicte ligne. Ayant ainsi reprins le premier charactere 2 du nombre à reprendre par toutes les vnitez au nombre graue, pour cõgnoistre icelluy 2 auoir faict son operation, le marqueray en ceste forme. 2 Apres prendray le second charactere de B, qui est 4, & iceluy semblablement reprendray de rechef par toutes les vnitez du nombre graue de A, disant, 4 par 4 sont 16, ie pose mon digite qui est 6 au dessoubz du charactere a reprendre, qui est 4, & retiens 1 pour le 10 de la loge suyuante: ce qu'auons mõstré en l'addition. Apres venons a la suyuante loge disant 4 par 2 sont 8 & vn que ie tiens sont 9, ie pose 9 soubz la ligne apres 6. De rechef ie viẽs a la loge suyuante, disant 4 par o c'est o, ie pose icelluy o soubz la virgule apres 9. Consequemment dis à la loge suyuante 4 par 3 sont 12, lesquelz 12 i'escriptz

ſçauoir combien il y a d'heures, multiplie le nombre des iours par les parties d'vn iour, qui ſont 24 heures. Si tu veux les minutes, multiplie les heures par les parties d'vne, qui ſont 60 minutes.

Si tu as 12 galleres d'vne meſme portée, dõt chaſcune contient 80 forſeres & deſires ſçauoir combiẽ en fauldra pour les 12, multiplie la ſomme par les parties de l'vne, qui ſont 80 forſeres.

Si encores veux ſçauoir combien faut a iceux de pains tous les iours, note le nombre de ceux quil ſuffira pour l'vn, & par icelluy nombre multiplie le nombre deſdictz forſeres. Si pour combien de iours, multiplie le nombre des pains par les iours.

Si àvn ſoldard en bataille faut deux pas deſpace, & deſire ſçauoir combien en faudroit a pluſieurs, multiplie toute la quantité de la bande par les parties neceſſaires a l'vn, qui ſont deux pas.

Si a vn ſoldard faut 160 ſolz & veux ſcauoir combien en faudra a pluſieurs, multiplie toute la quantité des ſoldars, par les parties de l'vn qui ſont 160 ſolz, & auras la ſomme requiſe. Leſquelles choſes par cy apres traicterõs plus amplement.

De diuiſion.

Diuiſion eſt, reprendre & ſubſtraire du nõbre leger la quantité deüe & attribuée a vne chaſcune vnité du nõbre graue, affin qu'ayãt noté cõbien il eſt contenu & ſubſtrait,

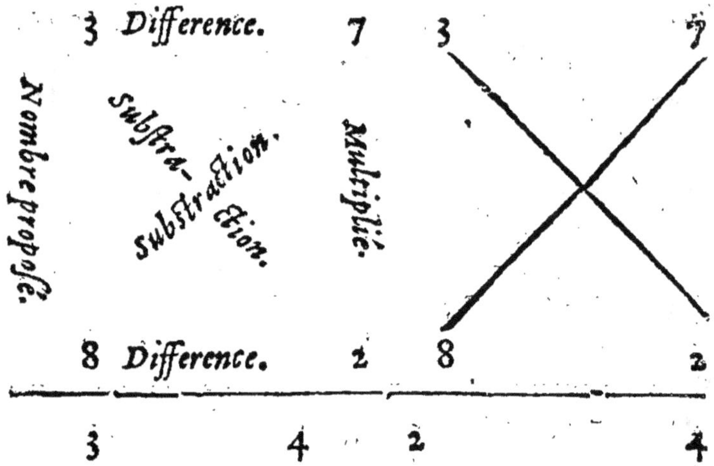

Sensuit l'vsaige de multiplication.

APres multiplieray l'vne difference par l'autre disãt, 2 foys 7 sõt 14, ie posé 4 & retiẽs 1. Apres soubstrayant laquelle ie vouldray des deux differences des nombres ou la croix guide comme 7 de 8 ou bien 2 de 3 reste 1, & vn que retiens sont 2, ie pose iceluy 2 : & ainsi conclurons trois foys 8 estre 24.

Lusaige de la multiplication.

PLusieurs belles operations sont faictes par multiplication, comme si on veut voir en vne somme descuz, combien il ya de solz, multiplie les escuz par les parties d'vn escu qui sont 46 solz : puis si veux auoir les tournois, multiplie la somme des solz par les parties de l'vn qui sont 12 tournois. De rechef si desires sçauoir combien en vn nombre d'années il y a de iours, multiplie le nombre par les parties d'vn an, qui sont 365 iours. Et si tu veux sça-

APres conſidere combien de fois ledict nombre à reprendre 420 eſt cõtenu, & ſe peult ſubſtraire du nombre leger, qui luy reſpond, a la ligne de A. Apres que tu auras ce conſideré, tu marqras icelles foys, à la ligne de C, qui eſt la loge du nombre graue, & apres reprendras & ſubſtrairas le nombre à reprendre autant de fois qu'il y a d'vnitez audict charactere mis au nombre graue. Et pour ce faire plus aiſement, reprens les characteres du nombre à reprendre l'vn apres l'autre, par leſdictes vnitez du graue : & en premier reprendras 4 auquel reſpondent 12 du nombre de A, & diras 4 en 12 ſe peuuent ſubſtraire trois foys, & 2 qui eſt auec 4 ſe pourra autant trouuer en 7 qui luy reſpond. Voyant donc que tous les characteres du nombre à reprendre ſe trouuent trois fois, au nõbre de deſſus qui luy reſpõd, tu marqueras le 3 à la ſomme de C: & ſera le premier charactere du nõbre graue : parquoy par iceluy reprendras ton nombre à reprendre & le ſubſtrairas du nombre leger: & par ce qu'iceluy trois ſe refere à tous les characteres du nombre à ſubſtraire, par le meſme trois reprẽdras tous leſdicts characteres du nõbre à ſubſtraire. Tu reprẽdras donc premieremẽt 4 diſant 4 par 3 ſont 12, i'oſte 12, de 12 reſte rien, parquoy efface ledit 12 en ceſte ſorte, & feras le ſemblable du nombre quatre qui eſt à reprendre, ainſi 4. Et de rechef reprens le ſecond charactere à reprendre, qui eſt 2, par toutes les vnitez du charactere graue 3 comme

apparoissent & soyent rapportées les vnitez du nõbre graue.

Les 3 quantitez te sont designées au suyuant exemple, par ces 3 lettres A, B, C : qui sont les mesmes de la multiplication. Quãt au nombre du reste qui estoit specifié en la substraction, il nest pas propre à ceste operation, Car on l'effa ce comme verras apres.

Leger	1	2	7	0	0	8	0	0	A
Graue									B
A reprẽdre	4	2	0						C

AYant ainsi disposé ta figure par lignes & lettres, comme en la precedente, commenceras au costé gauche : iaçoit que les autres operations commencent par le droict, Mais voyant que ton nombre à reprendre 420, ne peult estre substraict de 127 qui sont audroict de A (cõme appert au premier exẽples) tu transporteras ton predict nombre à reprendre en la loge suyuante tendant à la dextre, cõme tu vois au suyuant exemple : effaçant & rayant ledict nombre à reprendre au lieu ou parauant estoit. Et note que toutesfoys & quantes que les nõbres à reprẽdre ne se trouuent la premiere foys au nõbre leger, ne le faudra loger soubz ledict nombre, ains à la loge suyuante : comme icy apertement tu vois le 4 estre soubz le second, qui est 2.

Leger	1	2	7	0	0	8	0	0	A
Graue									B
A reprẽdre	4	2	0						C

NOte que toutesfois & quantes que le nõbre de B ne peult estre contenu au nombre de A, faudra, marquer le lieu vuide par zere, au droict de C: sinon que ce soit deuant la premiere operation, comme auons mõstré. Or ayant transporté mon nõbre à reprendre pour la troisiesme operation soubz 7008, vois facilement qu'au predict nombre 0 0 8 le nombre à substraire ou à reprendre ne peult estre contenu: toutesfois y a il vne vnité restée à la loge precedente, au dessus de 7, laquelle au respect du premier charactere du nombre de B, qui est 4, vault 10, auquel 4 se pourra facilement trouuer deux foys, & si y aura de rechef reste, pour contenir ses compaignons autant de fois: car il ne suffiroit pas que le premier y fust contenu: s'il n'y auoit place pour ses compagnons. Ie diray donc 4 en 10 est contenu deux foys, & 2 en la reste sera bien contenu autant. Ie pose 2 au nombre graue ioignant le 0 mis par cy deuant & par ce que 2 se refere à tous les characteres du nombre à reprendre, par iceluy reprẽdras tous lesdicts characteres, les substrayãt du nombre leger, disant, 4 par 2 sont 8, 8 de 0 ie ne puis, 8 de 10 reste 2. Et efface dõc la susdicte vnité qui valloit 10, & semblablement le 4 qui a esté reprins, & pose le reste du 2 au dessus de 0, Apres reprens le second charactere du nombre à reprendre qui est 2, disant: 2 par 2 sont 4, 4 de 0 ie ne puis, 4 de 10 reste 6, ie pose 6 deuant 8 & tiens 1 que i'ay emprunté des deux precedens. Lequel comme dessus ie ay reprins & ſubſtraict 4, diſant: 2 par 3, ſont 6: i'oſte 6 de 7, reſte 1: & par ainſi efface le 7 & le 2 qui a eſté reprins & ſitué au deſſus de 7 le reſte, qui eſt 1, & ſera conſumée la premiere ſubſtraction. Car le o de mon nombre de B, ne me retient en rien. Aiant donc derechef effacé mon nombre à reprendre, ie tranſporte mon nombre à reprendre, & à ſubſtraire, vne loge plus outre & le metz ſoubz 100 au coſté droict, comme appert en ceſt exemple.

```
        1
  1 2 7 0 0 8 0 0            A
 ---------------------(3  |  C
      4 2 0 0             |  B
        4 2
```

APres regarderay combien de foys mondict nombre de B peult eſtre ſubſtrait du nombre de A, & voyant qu'il n'y peut eſtre cõtenu ne ſubſtraict, ie poſeray au nombre graue de C, vn o pour ſigner la place vuide. Et apres auoir effacé tous les characteres du nombre à reprẽdre, tranſporteray iceux à la loge ſuyuãte pour la troiſieſme operation au deſſoubz de 008, comme icy appert.

```
        1
  1 2 7 0 0 8 0 0            |  A
 ---------------------(30    |  B
      4 2 0 0 0              |  C
        4 2 2
          4
```

Note

```
          1
        1 2 6
  1 2 7 0 0 8 0 0                A
  ----------------- (3024        B
    4 2 0 0 0 0 0 .              C
      4 2 2 2 2
        4 4 4
```

MAis par ce que le nombre n'en peult estre substraict, en vain le transporterois : Car il n'y a nul reste, parquoy suffiroit marquer o seullement au nombre de C pour designer le lieu vuide, & sera parfaicte mon operation.

```
          1
        1 2 6
  1 2 7 0 0 8 0 0                A
  ----------------- (30240       B
    4 2 0 0 0 0 0                C
      4 2 2 2 2
        4 4 4
```

POur l'acomplissement de la presente operation, adiousterons encores vn petit exemple.

```
    3     4          A
  -------------      B
    1     6          C
```

ICy, comme au precedent exemple, fault considerer combien de foys le nombre à reprendre est cõtenu au multiplice. Et ayant noté

ſubſtraictz deſdictz deux, reſte 1: i'efface donc iceluy 2, ſituant au deſſus l'vnité qui reſte, & ſemblablement le 2 qui a eſté reprins: & ſera parfaicte ma tierce operation. Parquoy pour la quatrieſme foys ie mets mon nombre à ſubſtraire ſoubz 6 8 0 comme s'enſuyt.

```
        1
      1 2 6
  1 2 7 0 0 8 0 0
  ---------------- (3 0 2
    4 2 0 0 0 0
      4 2 2 2
        4 4
```

OR il y a vne vnité de reſte ſur 2 au nombre leger, laquelle auec le 6 ſuyuant, vaudra 16 au reſpect du 4 qui eſt deſſoubz. Ie diray donc 4 en 16 eſt contenu & ſe peult ſubſtraire 4 foys, & 2 ſon ſuyuāt ſe trouuera bien autāt en 8 qui eſt deſſus luy. Ie marqueray dōc 4 au nombre graue apres le 2, Par lequel 4 reprendray le nombre à ſubſtraire ou à reprendre, & iceluy ſubſtrairay du leger, diſant 4 par 4 ſont 16, i'oſte 16 de 16, reſte rien. Apres efface 16 & le 4 qui a eſté reprins. Conſequemment reprens les 2, diſant 2 par 4 ſont 8, i'oſte 8 de 8 il ne reſte rien: par ainſi efface iceluy 8, & ſemblablement le 2 qui a eſté reprins comme appert icy. Ie tranſporte donc mon nombre à reprendre ſoubz les troys derniers elemens de A.

charactere à reprendre 6 ſe trouuera bien autant. Ie marqueray donc 2 au nombre graue, & par iceluy reprendray le nombre à reprẽdre, diſant, 1 par 2 ſont 2, i'oſte 2 de 3 reſte 1, lequel 1 marque ſur ledict 3 & efface iceluy 3 & ton vnité à reprendre. Et apres dis, 6, par 2 ſont 12, i'oſte 12 de 14 reſte 2, lequel 2 demeurera de reſte: parquoy le ſepareray auec vne virgule, comme appert en la ſuyuante figure, & tranſporteray ledict reſte 2 au deuant du nombre graue, ſituant au deſſoubz le nombre à reprendre, en ceſte ſorte $\frac{2}{16}$ comme cy apres entendras beaucoup mieux la cauſe quand tu auras veu les fractions ſuyuãtes car $\frac{2}{16}$ ne ſont autre choſe que deux ſeiziesmes parties d'vne vnité du nombre graue, Ainſi comme vn tournois eſt la tierce partie d'vn liard.

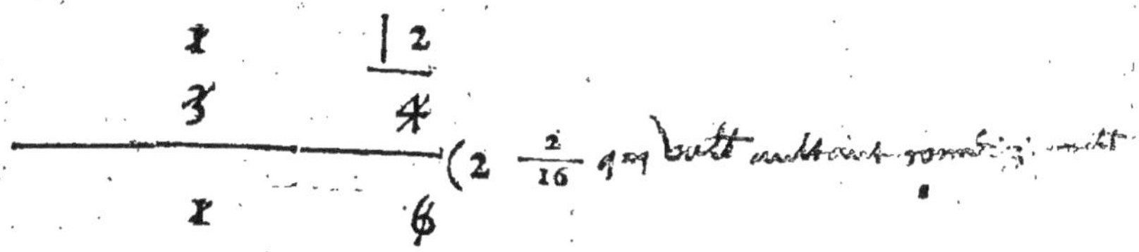

au nombre graue combien de fois il y eſt contenu, reprendras & ſubſtrairas ton nombre à reprendre comme deſſus. Pour laquelle choſe faire viendras à ſubſtraire du premiere character graue, diſant: 1 en 3 ſe trouue trois fois, mais 6 en 4 ne ſe trouue pas autant: Parquoy affin que le ſecond character 4 ſe puiſſe trouuer autant de fois comme le premier qui eſt 1, ne prendray ledict 1 que 2 foys au character 3 du nōbre leger: affin qu'il reſte vne vnité d'auantage au nombre leger: laquelle auec l'autre ſuyuant, qui eſt 4, puiſſe contenir le ſecond character du nombre à reprendre, qui eſt 6, autant de foys comme tu as reprins le premier qui eſt 1, à ſçauoir deux fois.

Sur ce as à noter, que toutes fois & quātes que les ſuyuans characteres du nombre à reprendre ne ſe trouueront autant de foys au nombre leger qui leur reſpōd au deſſus, comme le premier, alors faudra moins reprēdre le premier: affin qu'il reſte d'auantage au nōbre leger pour pouuoir contenir autant de fois les autres characteres ſuyuantz du nombre à reprendre, comme le premier: car tous les characteres du nombre à reprendre, doiuent eſtre reprins par vn meſme nombre, & vn ſeul character du nombre graue. Parquoy diras 1 en 3 eſt cōtenu trois fois, mais ſix en 4 n'eſt pas autant contenu, & par ainſi ne reprendras pas ledict vn trois fois, mais ſeulemēt 2, & diras 1 en 3 ſe trouue deux fois, & ſi reſtera vne vnité, laquelle auec le 4 ſuyuant, fera 14, auquel nombre le ſecond cha-

4 6 4 6 8 9 (

2 5 0

A	
2 5 0	1
5 0 0	2
7 5 0	3
1 0 0 0	4
1 2 5 0	5
1 5 0 0	6
1 7 5 0	7
2 0 0 0	8
2 2 5 0	9

APres te tranſporteras au nombre A, aupara uant doublé, triplé, quadruplé, &c. Et le nombre que tu trouueras ſemblable ou prochainement moindre que ledict nombre leger 464, reſpondant au nombre à reprendre 250, iceluy te monſtrera par le digite qui luy reſpond a dextre, combien de foys dois reprendre le nombre a reprẽdre. Et pource qu'en tout le nombre A il n'y a ſemblable nombre à 464, neceſſairement prendras le prochain moindre, qui eſt le premier 250. Et pour autãt qu'au droict d'yceluy, dehors la ligne, luy reſpond à deſtre vne vnité, logeray vne vnité au nombre graue, & procederay en ma diuiſion comme deſſus, tranſportãt mon diuiſeur 250.

2 1
4 6 4 6 8 9 (1
2 5 0 0
2 5

Regle tresfacile de l'inuention d'oronce, pour trouuer promptement combien le nombre à reprendre est cõtenu & peult estre substraict du nombre leger.

SOit proposé le nombre leger à 464689 aduiser par 250. En premier lieu à dextre dudict nombre à reprẽdre 250, ferasvne ligne tendant en bas, notant à la dextre dudit nombre vne vnité, & apres descendent, tous les autres digites 2, 3, 4, 5, 6, 7, 8, 9. Apres auoir ce faict, pour trouuer sans aucun labeur combien de foys tu deuras reprendre & substraire icelluy 250 du nombre leger qui luy respondra au dessus, reprens & adiouste premierement iceluy 250 deux foys en soy, & auras le double prouenu qui sera 500, lequel logeras au droict du digite 2. De rechief audit prouenu 500 adiousteras ledict a reprendre 250, & auras le triple 750, lequel logeras au droict du digite 3. de rechef adiousteras le premier 250 audict prouenu triple, & auras le quadruple 1000, lequel situeras au droict de 4. En oultre adiousteras a iceluy le premier, & auras le quintuple lequel mettras audroict de 5, & ainsi des autres. Ce parfaict, commence ta diuision. Et premierement aduise la quantité du nombre leger, qui respondra aux 3 characteres du nombre à reprendre, & verras estre 464.

ny egal au predict 189 en tout le nombre A, proposeras au nombre graue o & resteront les dictz 189 co mme s'ensuit.

```
      1
      8
  2   1   2 . 1
  4   6   4 . 6   8   9
  ────────────────────────(1850   189/250
  2   5   0   0   0   0
      2   5   5   5
          2   2
```

L'vsaige de la diuision.

LA diuision a vn noble vsage en toutes choses : comme si tu veux auoir la somme des escuz qui sont contenuz en certaine quantité de grand blancs, diuise toute la quãtité des grands blancs, (qui est le nõbre leger) par les parties d'vn escu qui sont 46, car tel sera ton nombre à reprendre deu à vne chascune vnité des escuz, & auras en ta somme du nombre graue le prouenu des escuz.

Si marchans ou soldars ont gaigné vne quantité, & la veullent partir entre eux egallement, qu'ilz diuisent la sõme du gaing, pour les parties de leur nombre, c'est á sçauoir pour autant de nombre comme ilz sont, & ilz auront leur somme au nombre graue, qui appartiendra à vn chascun.

Si tu veux sçauoir combien en vne quantité de minutes, il y a d'heures diuise les minutes, par autant d'vnitez qu'il y a de minutes en vne heure qui sont 60 minutes.

APres ayant tranſporté mon diuiſeur, & voyant qu'au nombre à reprendre reſpondẽt 214 6 chercheray le prochain moindre au nõbre de A, lequel ſera 2000, & voyent que à dextre luy reſpondent 8, logeray 8 au nombre graue. Et ayant parfaict mon operation: ie tranſporteray mon nombre à reprendre, au deſſoubz de 1468.

```
  1
  6
5 1
4 6 4 6 8 9
------------------(18
2 5 0 0 0
  2 5 5
    2
```

Duquel nõbre 1468 choiſiras le prochain nombre au nombre A, & ſera 1250, & auras à dextre 5 pour le nombre graue & ayant parfaict ceſte operation, tranſporte ton nombre à reprendre & trouueras à icelluy reſpõdre ſeulement. 189.

```
  1
  5
2 1 2 1
4 6 4 6 8 9
------------------(185
2 5 0 0 0 0
  2 5 5 5
    2 2
```

Et d'autant qu'il n'y a nul nombre moindre

PRemierement en la diuision de B, tu vois comme ce nombre de 42 0, qui est à reprãdre, par les fois qu'il a esté reprins & substraict, t'a amené la somme du C, qui est le nõbre graue 1. Parquoy pour bonne preuue de tõ operatiõ, c'est chose asseurée que si par multiplicatiõ tu reprans & radiouſtes ledict nombre de C, à reprandre par autant de foys que tu las ſubſtraict (qui ſont lesvnitez du nombre graue) qu'il te raporteront le vray nombre leger au nombre de B. qui parauant en la diuisiõ estoit en la ligne A & auoit esté aneãty par substraction, ce q appert par la multiplication faicte. Tu vois en lamultiplicatiõ que le nõbre à reprãdre, quiest 420, estãt reprins & readiousté par les vnitez du nõbre graue, te rapporte la sõme de D, qui est le nõbre leger: parquoy biẽ s'ensuit, que pour prouuer ton operation, si tu diuises iceluy legier, reprenãt & substrayãt dicelluy le mesme nombre a reprandre, autãt de foys qu'au parauant tu l'auois adiousté, que le nombre d'icelles foys te Raportera les vnitez au nombre graue. Ce que clairement appert en la precedente diuision, car le nombre d'A en la diuision est le mesme nombre que celuy de B en la multiplication. Mais note quant en la diuision aura quelque reste, comme au presant exemple appert, qu'il y a 2 de reste.

Si combien en certaines quãtitez d'heures il y a de iours, diuise les heures parautãt d'vnitez qu'il y a d'heures en vn iour, qui sõt 24 heures.

Si tu veux de rechef sçauoir en certaine quãti té de iours cõbiẽ il y à d'ãnées, diuise les iours, par les parties d'vne année, qui sont 365.

De la Preuue de Diuision & multiplication.

PRemieremẽt quant à la diuision, pour autãt que tu as faict ta diuision, reprenant & substrayant les parties apartenantes a quelque nõbre, d'vn autre, si lesdictes parties reprinses & substraictes par diuision, de rechef tu reprens & adioustes par multiplication, prouiẽdra mesme nombre que deuãt. Semblablemẽt pour prouuer la multiplicatiõ, par ce qu'ẽ reprenant & adioustant vn nõbre par les parties de quelqu'autre as faict ta multiplication, Si de rechef tu reprẽs & substrais lesdictes parties dudict nõbre par diuision, qui parauant y auoiẽt estez reprinses & adioustées par multiplication, la somme du nõbre graue, te rappor tera vn mesme nombre: comme cy appert au present exemple.

Diuisiõ.

1
1 2 6
A 1 2 7 0 0 8 0 0
C —— (30240
B 4 2 0 0 0 0 0 | 420
4 2 2 2 2
4 4 4 6048
12096
——
12700800

Multiplication.

des trois precedens. Exemple, Si quelcun ſcauoit que deux ſoldatz beuſſent huict quartes de vin par iour & vouloit ſcauoir combien il en faudroit pour 4, premieremẽt faudroit qu'il diſpoſaſt ſes trois nombres en ceſte ſorte 2, 8, 4, diſant ſi 2 beuuent huict, combien 4, apres multiplie le tiers, qui eſt 4, par le ſecond 8, & viendra 32, lequel ſi tu diuiſes par le premier 2, auras 16, qui ſera le quatrieſme nombre deſire, & en ce vois tu la facillité, car ainſi pouras tu vſer de tout autre nombre. Noté toutesfoys qu'il faut q̃ le premier nõbre & le tiers aiẽt vn meſme ſubiect, cõme au precedẽt exẽple eſtoit le ſoldart, ſemblablemẽt le ſecõd nombre & le quart, cõe iceux as veu eſtre quartes de vin.

Diſticque pour retenir l'operation.

Par trois premiers ſi vn quart nombre quiers,
Par le ſecond multiplie le tiers
Et le produict, par le premier diuiſe,
Ainſi auras, la quantite requiſe.

Prenõs encores vne exẽple diſant, ſi 3 eſcuz me donnẽt 7 aulnes de drap, combiẽ me dõneront 9 eſcus, ſitué tes 3 quãtites cõme auõs predict, & faiſant tõ operation cõme deſſus, prouiendrõt 21 pour le quatrieme nombre, exẽple.

premier	ſecõd	tiers	quatrieſme
3,	7,	9,	
		7	

63

———————— (21

33

1 (2
3 4

2
——————————(2——
1 8 16

QVand feras ta preuue par multiplicatiõ, fauldra adiouſter au nõbre legier les predictz 2 de reſte & ainſi auras les vraies preuues, ſans vſer d'vn tas de croiſades incertaines, deſquelles aulcuns vſent pour preuue.

De la Regle de trois.

COnſiderant que la reigle de trois eſt fort commode, tant pour exercer les precedentes operations, comme pour ſe rendre plus apte aux fractions ſuyuantes, auant que proceder plus oultre, propoſerons icelles.

La regle de trois qui pour ſon excellence eſt appellée la reigle d'or eſt vne operation par laquelle auant 3 quantitez proportionnelles, viẽdrons à la congnoiſſance d'vne quatrieſme quãtité incongneüe, qui ſera proportionnelle aux precedentes 3. Ie dis proportionnelle car elle aura meſme raiſõ à la tierce quãtité que la secõde à la premiere par maniere de preuue prenõs pour experiãce ces 4 quantitez 2, 8, 4, 16, Icy tu vois que la quarte quãtité qui eſt 16, cõtient 4 fois la tierce qui eſt 4, ſemblablemẽt la ſeconde 8 contient 4 fois la premiere 2, encoresque tu ignoraſſes ſes nombres proporcionnaux deſquelz auſsi plus amplement parlerõs cy apres, neantmoins tu les pourrois exiger, par le moyẽ

ſiderez, comme elles ſont frequentées, elles ne ſeroient trouuées ſi difficilles. Il y a deux nombres requis aux fractions ou parties, ſçauoir eſt vn nombre pour le nom d'icelle, cõme 7 pour monſtrer ſi elle eſt ſeptieſme, ou bien 4 ſi elle eſt quatrieſme, & ainſi des autres. Secondemẽt le nõbre qui me mõſtre cõbiẽ, ladicte partie ſeptieſme ou autre, eſt cõtenue en ſa fraction: cõme ſi elle y eſt 3 foys ie marqueray 3. Si quatre ie marq̃ray 4 & ainſi des autres. Et de ces 2 nõbres, ſera mis le nõmeur qui monſtre le nõ deſſoubz & le nõbreur qui monſtre ſon nõbre au deſſus, iectant entre iceuz vne virgule: comme ſi ie veux noter deux quartes, 4 qui monſtre le nom ſera deſſoubz, & 2 qui mõſtre le nombre d'icelles quartes, ſera deſſus en ceſte ſorte $\frac{2}{4}$. reſte que quand il y a partie de partie, comme vne deuxieſme, ou bien moytié d'vn tiers, ne faudra poſer aucune ligne ſoubz la premiere, ains la mettras en ceſte forme $\frac{1}{2}\ \frac{1}{3}$ vne deuzieſme ou moytié d'vn tiers, & ainſi des autres, comme ſolz ſont vingtieſmes d'vn franc: les liars ſont quatrieſmes des ſolz: tournoys ſont troyſieſmes des liards. Si ie voulois donc mettre 2 tournois ſuyuant les degrez des parties d'vn frãc, ie diroys deux troyſieſmes d'vn quatrieſme d'vn vintieſme d'vn frãc, & l'eſcriprois en ceſte ſorte $\frac{2}{3}\ \frac{1}{4}\ \frac{1}{20}$ ce qui ne te ſera difficille, a voir veu les ſuyuantes reductions.

De la difference des nombres entiers & des parties ou fractions.

NOmbre entier est quelcóque quantité ou nombre, prins seulement d'vn plus grãd par soy & nõ à l'esgard. Comme le nombre de 2, 3, 12, & tous autres & telz se peuuent designer les entiers s'il sõt mis soubz vne virgule comme A $\frac{1}{7}$ qui sont sept entiers.

Partie ou fraction est vne quantité prinse au respect d'vn autre nombre de plus de valleur, laquelle reprinse quelque foys, rapporte icelluy: comme si vn entier est proposé vallant 12 vnitez & icelle vnité est prinse au respect dudict 12, qui est plus grand nombre que ladicte vnité, icelle vnité sera sa partie, car si elle est prinse 12 foys, rapportera iustement son entier 12 & sera appellée icelle partie douziesme partie, de 12. Semblablement 2 reprins par quelque foys, au respect de douze, son plus grand nombre, rapportera egallement icelluy 12, car 6 foys 2 sont 12. Donc nous dirons 2 estre la sixiesme partie de 12, son entier. Trois aussi reprins 4 foys rapporte 12. troys donc sera la quatriesme partie de 12 quatre reprins 3 foys te rapportera 12. quatre donc est sa tierce partie six. reprins 2 foys te rapportera 12, six donc est la deuxiesme partie, ou biẽ sa moytié. Lesquelles parties sont grandement en l'vsaige, à la mesure de la canne ou de l'aune, comme quant disons vn tiers, vn quart, & autres parties, lesquelles parties si estoyent si bien cõ

siderez

2:ainsi auras ta fraction simple $\frac{2}{240}$ d'vn franc: car en vn francil y a 240 tournoys, desquelz 240 tournois n'ẽ sont comprins que 2 en ta fraction, & ainsi feras des autres.

Pour reduire entiers ou fractions en quelcõques autres fractions, ou parties congneües, & au contraire les parties en entiers.

CESTE operation sera facile a entendre si tu as entendu, l'vnité seruir & estre mise au dessoubz des entiers, au lieu du nommeur qu'ont les fractions, comme qui vouldroit design er trois entiers:les logeroit en ceste sorte $\frac{3}{1}$:car tousiours auras 3 nombres cõgneuz:cest à sçauoir le nõmeur & le nombreur de la fraction que tu veux conuertir, & le nommeur ou partie, d'entier en laquelle tu veux cõuer tir icelle fraction.

Exemple.

IE ne congnoys pas & ne sçay combien vallent huict quatriesmes $\frac{8}{4}$ d'vn solz, toutesfoys ie congnoys biẽ la douziesme partie, qui est 1 tournoys:pour venir donc à la congnoissance des $\frac{8}{4}$ & pour sçauoir leur valeur, ie le conuertiray & reduiray en douziesmes, par la regle de troys, comme sensuyt. Premierement prẽdray la fractiõ que tu veux cõuertir, qui est $\frac{8}{4}$ situant son nommeur 4 au premier lieu, & son nombre 8 au second lieu, & au tiers lieu le nommeur de la partie congneue, qui est 12, di

De reduction des parties ou fractions.

ENtre les reductiõs des fractions, en y a quatre singulieres, la premiere pour reduire les fractions des fractiõs en vne simple fractiõ. La seconde pour reduire les entiers ou les fractions en quelques autres fractions ou parties d'vn entier congneües, ou bien les fractions & entiers. La tierce de reduire fractions grandes en moindres. La quarte de reduire deux ou plusieurs fractions en vne seule.

Reduction de fractions en simple, contenues en ce distique.

Par le premier le second multiplie,
Ainsi suyuant le produict amplifie.

Exemple.

$\frac{2}{240} \mid \frac{2}{3} \quad \frac{1}{4} \quad \frac{1}{20}$

PResupposons que ce nõbre soit monnoyé, & par ce que 20 solz vallent vn franc, dirõs le premier nombre $\frac{1}{20}$, qui est vn vingtiesme, estre vn solz : & le second vn quatriesme $\frac{1}{4}$ d'vn vingtiesme, c'est à sçauoir le quatriesme d'vn solz, qui est vn liard & le tiers qui est deux troisiesmes $\frac{2}{3}$ dudict liard, estre 2 tournois. Pour reduire ceste fraction en vne denominatiõ, cõmence au premier denominateur, qui est 20. & par icelluy multiplie son suyuãt, qui est 4, ce seront 80. Amplifie derechef 80 par son suyuant 3, & auras ton vray nominateur, qui sera 240. Apres multiplie aussi les numerateurs, & auras ton vray nombreur, qui est

$\frac{2}{1}$ 1 2 4 8 $\frac{8}{4}$

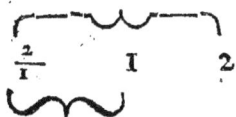

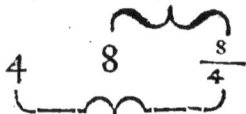

AV contraire ſi veux reduire les parties en entier, diuiſe ledict nombreur 8 par ſon nommeur 4, & te rapportera les entiers cōme tu vois au nombre de D, & F, car 8 diuiſe par 4, rapporte à la ſomme 2, comme 8 liards reduictz en ſolz rapportent 2. Parquoy conſiderant ta fraction, facilement iugeras ſi ta fraction vault vn entier ou plus ou moings: car ſi le nombreur eſt eſgal au nominateur, la fraction vault vn entier comme $\frac{4}{4}$ tout ainſi que $\frac{4}{4}$ liards vallent vn ſol, ce que appert par diuiſion: car 4 en 4 ne ſe trouue que vne fois. Quand le deſſus eſt eſgal au deſſoubz, ne ſe peult ſubſtraire qu'vne foys rondement, Mais ſi le predict nominateur eſt moindre, & ſe peult ſubſtraire du nōbreur pluſieurs foys, alors vauldra plus d'vn entier: voire autant d'entiers comme en la diuiſion te monſtreront les vnitez du nombre graue. Prenons $\frac{12}{4}$ par exemple, il eſt bon à veoir que 4 eſt contenu en 12. 3 foys: ce 3 donc me monſtre $\frac{12}{4}$ valloir $\frac{3}{1}$, comme 12 liards 3 ſolz. Conſequemment ſi le nominateur eſt plus grand que le nombreur, ſera la fraction moins vallent d'vn entier, d'autant que ledict nominateur n'eſt point contenu au nombreur, comme $\frac{3}{4}$ d'vn ſolz tu veois 4 le nommeur n'eſtre

ſant ſi 4 eſtant nommeur me donne 8 pour ſon nombreur, combiẽ 12 eſtant nommeur? ayant faict l'operation de ladicte reigle, prouiendrõt 24 qui ſera le nombreur de ton tiers nombre congneu, nommé douzieſme. Parquoy mettras iceluy 24 comme vray nombreur au deſſus en ceſte ſorte $\frac{24}{12}$ & diras $\frac{24}{12}$ eſtre eſgalles à $\frac{8}{4}$. meſmes tu vois huict liards eſtre egaux à 24 tournois. Ainſi pourras conuertir toute fractiõ ou entier en vne autre fraction propoſée.

Fraction propoſee.	*Nõmeur*	*Nõbreur*	*parties cõgneües.*	*prouenu.*	
$\frac{8}{4}$	4	8	12	24	$\frac{24}{12}$

Lexemple de conuertir l'entier en fraction.

IE veulx conuertir deux entiers $\frac{2}{1}$ qui ſont deux ſolz en quatrieſmes qui ſont liards, ie diray ſi vn, qui eſt le nõmeur, me dõne 2 par ſon nombreur, combien quatre eſtãt nommeur me dõnera il par ſon nõbreur? & ayãt parfaicte l'operatiõ, prouiẽdront 8 qui ſera le vray nombreur, du nommeur propoſe 4, lequel ayãt ainſi logé $\frac{8}{4}$ diras 8 quatrieſmes, qui ſont huict liards eſtre eſgalles à deux entiers, qui ſont 2 grands blancs. Ce mieulx pourras retenir aux deux diſticques mis au fueillet ſuyuant.

ront bien diuiser, & 3 aussi, mais par ce que le plus grand diuiseur à ce faire est meilleur, nous prendrons 6, par lequel si diuisons le nombreur 18, prouiendra 3 le nombreur requis. Et ainsi auras le nombreur 3, diuisant aussi par le mesme 6 le nommeur 24, auras 4 & seront $\frac{3}{4}$, lesquelles au respect d'vn sol, valant 3 liards. Parquoy concluras $\frac{18}{24}$, reduictz à moindre nom, & nombre valloir $\frac{3}{4}$, tout ainsi que 18 mailles vallent 3 liards. Sur ce dira quelq'vn comment trouueray-ie vn diuiseur propre à ce faire? Il fault (si tu ne le sçais) trouuer autrement, que prennes le nombreur, & nommeur & substrais l'vn de l'autre & apres, substrais de rechef le prouenu, tousiours ostât le moindre du plus grand, tant qu'il se trouue 2 nombres semblables, & iceluy sera le diuiseur requis. Comme à l'exemple precedent substrais 18 de 24, reste 6, apres, 6 de 18, reste 12: de rechef 6 de 12, reste 6: lors diras (voyant que par deux foys c'est offert le nombre 6) iceluy estre ton nombre à reprendre ou diuiseur. Mais si en substrayant ne rencontres deux nombres semblables, iusques à ce que paruiennes à vne vnité, concluras icelluy nombre ne se pouuoir reduire à moindre denomination, sans fractiõ de fractiõ qui est grãdemẽt à fuyr.

Reduction de plusieurs fractions, à vn mesme nom.

Fais des nommeurs multiplication:
Auras vn nom pour les deux fractions,
Et l'vn nombreur par le nommeur de l'autre.
Multiplié, sert sa fraction propre,

contenu en 3 le nombreur, diras, donc $\frac{3}{4}$ ne valloir vn entier ainſi que 3 liardz ne valent point vn ſolz.

$\frac{3}{4}$ (0 Nul entier | $\frac{4}{4}$ (1 vn entier | $\frac{12}{4}$ (3 trois (entiers

Par le nommeur lequel tu veux auoir,
Romptz ton nombreur & apres le produict,
Par ton nommeur diuiſant pourras veoir,
Le nombreur qui au nommeur requis duict.

Pour reduire en moindre nombre toute fraction.

Vn nombre eſlis, le plus grand & meilleur.
Poüant partir ton nombreur, & nommeur
Puis les partis ſeparément tous deux
Leurs prouenuz ſeruiront au lieux d'eux
Si nombre tel qui ſoit aux deux commun,
Ne peux trouuer, ſubſtrais l'autre de l'vn
Et prens celuy pour diuiſeur notable,
Qui s'offrira en deux nombres ſemblable.

POur exemple, prendras $\frac{18}{24}$, pour reduire en moindre denomination. Preſuppoſons donc que ces $\frac{18}{24}$ d'vn entier, ſoit 18 mailles d'vn ſolz, & pour autant qu'vn ſolz en vault 24, ſi les voulons reduire en moindre denomination, fault que cherchions vn nombre qui puiſſe diuiſer le predict nommeur 24, & le nombreur auſſi, qui eſt 18. Or 2 les pour-

Exemple.

Addition.	Substraction.
42	18
$\frac{30}{24}$ adiouste $\frac{12}{24}$ ou $\frac{7}{4}$	$\frac{30}{24}$ substrais. $\frac{12}{24}$
24	24
prouenu $\frac{42}{24}$	reste $\frac{18}{24}$

SI on ꝓpose, à adiouster $\frac{5}{4}$ a $\frac{3}{6}$, reduictz icelles 2 fractions en mesme nom: comme auõs faict à l'operation precedente, & prouiendront $\frac{30}{24}$ & $\frac{12}{24}$. Apres adiouste leurs nõbreurs, ce seront 42, au dessoubz desquelz situeras le nõmeur commun 24, en ceste sorte $\frac{42}{24}$, lequel nombre apres reduict en moindre denomination par les regles precedẽtes, sera $\frac{7}{4}$: cõme 42 mailles reduictes en liards, sõt 7 liards, ainsi dõc adioustant $\frac{5}{4}$ & $\frac{3}{6}$ sont $\frac{7}{4}$, cõme adioustant 5 liards & 3 doubles, sont 7 liards: ainsi qu'as veu en l'exemple precedent d'addition.

Tu feras le sẽblable par ta substraction. si on propose à substraire $\frac{3}{6}$ de $\frac{5}{4}$, premieremẽt reduictz icelles fractions en mesme nom, & prouiẽdront $\frac{30}{24}$ & $\frac{12}{24}$. apres substrais le nombreur 12 de 30, sans point toucher au nommeur, restera $\frac{18}{24}$, au dessoubz duquel situe le nommeur en ceste sorte $\frac{18}{24}$, & reduictz iceux en moindre denominatiõ rapporterõt $\frac{3}{4}$, cõme 18 mailles

Exemple.

$$\overset{C}{\frac{30}{24}} \qquad \overset{A}{\frac{5}{4}} \times \overset{B}{\frac{3}{6}} \qquad \overset{D}{\frac{12}{24}}$$

Soit propoſée la fractiõ de A, & celle de B, à reduire a vn meſme nõ: premier fault multiplier les deux nõmeurs A & B, l'vn par l'autre, & prouient 24 : & ceſte vingt & quatrieſme ſera le nom ou nommeur commun, pour chaſcun de mes deux fractions C & D. Apres ie multiplie le nombreur de A, qui eſt 5, par le nõmeur de B, qui eſt 6, & prouiendra 30, qui ſera le nombreur conuenant pour la fraction de C, & ainſi auras pour la fraction de C $\frac{30}{24}$. Laquelle fraction eſt eſgalle a celle de A, tout ainſi que 5 liards à 30 mailles. Semblablement multipliray le nombre de B par le nommeur de A, & prouiendra le nombreur de D 12, lequel nombre ioinct au nommeur commun 24 rapportent la fraction de D, qui eſt $\frac{12}{24}$, & ſera eſgalle ceſte fractiõ $\frac{12}{24}$, a celle de B, comme 3 doubles a 12 mailles, & ainſi concluras auoir reduict tes fractions en meſme nom ou nomination: ſans changer leur valeur precedente.

De Addition & ſubſtraction,

Si faire veux quelque operation
En meſme nom reduictz ta fraction.
Puis s'adiouſter ou ſubſtraire tu quiers,
Fais des nombreurs comme auons des entiers
Sans point toucher leur nomination,

Exem-

operatiõ eſt prouenu $\frac{30}{12}$. Nous auons auſsi auiſé qu'entre les fractiõs les entiers te ſont denotez par vne vnité miſe au deſſoubz, comme $\frac{3}{1}$ trois entiers, parquoy les ayant ainſi deſignez, ſi tu veux multiplier ou diuiſer quelque fractiõ par les entiers, ou les entiers par fractiõ, en vſeras comme des autres fractions denotant leur nõbreur ſelon leur nombre, & le nommeur touſiours par vne vnité.

S'enſuit la regle de trois en fractions.

POur auoir parfaict vſage des fractions precedentes, ſera choſe treſvtile les pratiquer par la regle de 3, & premieremẽt auec les entiers. Exẽple. Deux entiers $\frac{2}{1}$, ſçauoir eſt deux eſcuz, me dõnẽt trois demies $\frac{3}{2}$ aulnes de ſoye, cõbien me dõneront, $\frac{6}{1}$ qui ſont ſix eſcuz? Icy deux eſcuz $\frac{2}{1}$ le premier nõbre, ſemblablemẽt ſix eſcus $\frac{6}{1}$ le tiers nombre, ſont d'entiers: Car ſi le premier eſt d'entiers, neceſſairemẽt il fault que le tiers auſsi ſoit entier, & ainſi que le ſecond nõbre eſt de fractions, auſsi ſera le quart: car cõme auons dict deſſus, la regle de trois requiert meſme denomination au premier nombre & au tiers, & que la meſme denominatiõ, qui eſt au ſecond ſoit au quatrieſme. Nous diſpoſerons dõc ainſi noz nõbres entiers d'eſcuz auec les fractions, $\frac{2}{1}$ $\frac{3}{2}$ $\frac{6}{1}$, 2 eſcuz, 3 demies aulnes 6 eſcus. Or eſt choſe treſnotoire, que ſi $\frac{2}{1}$ eſcuz me donnent trois demies $\frac{3}{2}$ aulnes, que $\frac{6}{1}$ eſcuz me donneront $\frac{9}{2}$: pourſuyuons donc ceſte exemple ainſi que s'enſuyt. Multiplie le tiers nombre $\frac{6}{1}$, par le ſecond $\frac{3}{2}$, pro-

trois liards. Ainsi dõc substrayãt $\frac{3}{6}$ de $\frac{5}{4}$, resteront $\frac{3}{4}$, comme substrayant 3 doubles de 5 liards, restera 3 liards.

De multiplication & diuision.

Les deux nommeurs l'vn par l'autre en menu
Et les nombreurs si romps, le prouenu
Multiplie est. Mais pour le diuiser
Les diuisantz te faudra renuerser.

Exemple.

Multiplication.	Diuision.
15	30
$\frac{3}{6}$ multiplié $\frac{5}{4}$	$\frac{5}{4}$ multip. $\frac{6}{3}$
24	12

$\frac{15}{24}$ prouenu de la multipli.

$\frac{30}{12}$ prouenu de la diuision.

SI on te propose $\frac{3}{6}$ à multiplier par $\frac{5}{4}$, multiplie les deux de dessoubz, qui sont 6 & 4, l'vn par l'autre, & le prouenu, qui sera 24, sera ton nommeur: & si en mesme sorte tu multiplie les deux de dessus 3 & 5, prouiendront 15 ton nõbreur: ainsi auras par ta multiplication $\frac{15}{24}$, Ce qui appert par l'exemple de multiplication, ainsi feras en diuision. Reste qu'auãt que tu face ton operatiõ, trãsporteras les deux nõbres de la fractiõ diuisãte, en sorte, que le nõbreur soit au lieu du nommeur: & le nombreur au contraire, comme il appert à l'exemple precedent de diuisiõ là ou tu veois $\frac{5}{4}$ estre diuisez par $\frac{3}{6}$ ce neantmoins icelle fraction diuisante $\frac{3}{6}$, estre renuersée en ceste sorte $\frac{6}{3}$, de laquelle

15, & le tiers 25, & auec ceste somme de 50 escuz auoient gaigné 1000 escuz, & tu veux sçauoir combien en pourroit auoir chascun desdictz marchandz, pour la proportiõ de son argent aduãcé: p̃mierement dresseras la reigle de troys en telle sorte que toute la somme aduancée, (laquelle est 50) soit au p̃mier terme. Et au secõd terme, toute la sõme gaignée, & au tiers terme, la sõme gaignée des troys marchãdz particulierement mise l'vne sur lautre, comme cy appert.

		La somme particuliere
somme toute	le gain total	10
50	1000	15
		25

AYant ainsi disposé ma regle, fauldra necessairement icelle regle reprendre & repeter autãt de foys, comme il y a de sommes particulieres au tiers terme, pour distribuer à vne chascune d'icelles sommes particulierement prinses, la proportion qui leur sera deüe dudict gain, de 1000 escuz. pour auoir donc la proportion du gain, appartenãte à la premiere somme particuliere, qui est 10, diras si 50 escus la somme toute aduancée, à gaigné 1000 escuz, combien en gaignera 10, & ainsi auoir faicte l'operation de la regle de trois, prouiendront 200. Et apres pour distribuer sa proportion à la secõde somme particuliere, qui est 15, diras: si 50 escuz la somme toute aduãcée, à gai

uiendrõt $\frac{18}{2}$, lequel prouenu diuise par le premier $\frac{2}{1}$, prouiendront $\frac{18}{4}$, laquelle fraction reduicte en demies (comme dessus auons mõstré) rapportera neuf demies $\frac{9}{2}$ d'aulnes, qui sont 4 aulnes & demie & sont esgalles neuf demies $\frac{9}{2}$, a dixhuict quatriesmes $\frac{18}{4}$, ainsi que dixhuict liardz, $\frac{18}{4}$, a neuf demys $\frac{9}{2}$ solz, & ainsi feras des autres.

La regle de trois ayant contraire effect.

QVelque foys aduiẽt, que la regle de troys a contraire effect, tellement que tãt plus est grãd le nombre du tiers terme, tant plus moindre est le nombre du quart. Comme si vn capitaine prenãt en garde vne ville n'a de viures que pour 6 moys, nourrissant 2400 soldats, & veult sçauoir combien luy en faudra retenir pour garder la dicte ville 12 Mois, il est bien euident, que tant plus grand sera le nombre du temps, & moins faudra retenir de soldatz. Disant donc par la regle de trois, si pour six mois ie puis retenir 2400, combien en retiendray-ie pour 12 tant plus grand sera le tiers 12, & moindre sera le quart à telles & semblables operations, multiplie le premier 6, par le secõd 2400, & le produict 14400, diuise par le tiers 12, & prouiendrõt 1200, au quart nõbre qui est le nõbre des soldatz à retenir, cõme tu vois au precedẽt exẽple. Autres innumerables operatiõs pourras inuẽter, sur les p̃cedẽtes

Regle de troys en compaignie.

SI 3 marchãs auoiẽt auãce 50 escuz, & de ces 50, l'ũ des marchãs en eust baillé 10, l'autre

Cheuaux	2		6
	Multiplie		Multiplie
Iours	6		12
	prouenu		prouenu
Vray nombre pour la reigle.	12	4	72

PArquoy icelles diuersez quãtites cõtenues en mesme terme, reduiras en vne quantité par multiplicatiõ: multipliãt l'vne par l'autre, comme au present exẽple: tu as au premier terme diuers nõbres, à sçauoir 2 & 6. Multiplie l'vn par l'autre, & auras 12, qui sera le vray nõbre reduict, conuenant au premier terme. Semblablemẽt au tiers terme tu as 6 & 12, lesquelz multipliez l'vn par l'autre, rendront 72, qui sera le vray nombre reduict pour le tiers terme, & ainsi auras 3 termes, ayantz vn seul nombre, à sçauoir 12, 4, 72, par lesquelz faisant ton operation de la regle de troys, auras ton nombre desiré, qui sera 24: ainsi pourras conclure, si 2 cheuaux en six iours, despẽdent 4 escuz, 6 cheuaux en 12 iours en despendront 24.

Exemple.

12. 4. 72. 24.

gné 1000, combien en gaignera la somme particuliere 15, & prouiendront 300. Ainsi feras de la tierce somme particuliere, qui est 25, & prouiendront 500: & peulx icy considerer icelles trois operations repetées auec leurs prouenus.

Somme totale.	Le gaing total.	Sommes particul.	Les gaings particul.
50	1000	10	200
50	1000	15	300
50	1000	25	500

ET pour prouuer ceste operation, adiouste les 3 nombres du quart terme, qui est le gaing d'vn chascun particulieremēt, & verras n'estre autre chose que la somme du gaing total, qui est 1000. Et note bien ceste regle, & elle te seruira grandement à toutes les operations suyuantes.

Reigle de troys ayant diuerse quantité en mesme terme.

ALors qu'en mesme terme verras diuerses quantitez, reduictz icelles diuerses en vne somme, multipliant l'vne par l'autre, & apres faisant ton operation comme dessus, auras la somme desirée. Exemple. Ie veux sçauoir si deux cheuaux, en six iours me despēdent 4 escuz, combien me despendront 6 cheuaux en 12 iours? Icy vois-tu en vn mesme terme, (tant au premier cōme au tiers) estre cōtenues deux quantitez, à sçauoir le nombre des cheuaux, & le nombre des iours.

& au tiers terme les trois sommes des trois marchandz particulieremẽt situé l'vne sur l'autre, & apres feras comme en la regle de troys en compagnie: & auras la somme desirée.

Exemple.

Somme totalle.	Le gaing total.	Sõmes part.
		560
1470	2345	400
		510

Regle fort necessaire aux iurisconsultes.

QVelqu'vn ayant 2400 escuz, a dõné, à sa morta moitié de ses biẽs à sa femme, & la tierce partie à son filz, & la siziesme partie à son seruiteur: cõbien en aura chascun des 3? icy fault trouuer vn nombre qui ait vne moytié, vne tierce partie, & vne sixiesme. Et si mieulx ne le peux trouuer: multiplie le premier de ces nõbres qui est 2, par le second trois & prouiendrõt 6, lequel produict, de rechef multiplie par le suyuant 6 & auras 36. Et s'il y auoit encores d'autres parties, multiplieras de rechef le prouenu 36, par icelles. Or pour trouuer ses 3 parties sçauoir est la moytié, la tierce & la sixiesme partie de 2400, prendras ledict nombre 36, qui est prouenu de la multiplication de 2, 3, 6, & sera iceluy nombre 36 fort propre au premier lieu de la regle de trois. Au second terme, sera mis la valeur du testateur que est 240 escuz. Au troysiesme seront

Autre.

LE mesme feras, en la regle de compagnie. Lexemple. 3 marchãdz ont gaigné 2345 escuz, le premier auoit baillé 40 escuz pour 14 moys, le second 50 escuz pour 8 moys, le tiers 85 escuz pour 6 moys. On demãde, combien vn chascun doibt auoir de la somme gaignée 2345 escuz : à raison de leur argent & du temps. Nous auons desia monstré à la regle de compagnie, qu'il fault faire autant de regles de troys, comme il y à de sommes particulieres. Or auons nous icy troys sommes particulieres des 3 marchands, mais parce qu'vne chascune somme a deux quantitez diuerses cest à sçauoir de temps & d'argẽt, faudra multiplier les deux quantitez du temps & de l'argẽt d'vn chascun marchand l'vne par l'autre, & n'aurons apres qu'vn nombre pour chascun marchand. Ayant donc trois nombres pour trois marchandz, ne restera que faire la regle de trois en cõpagnée comme dessus l'auons monstrée. Prenons dõc le premier qui a 40 escuz & 14 moys, & soyẽt multipliez ses 2 nombres l'vn par l'autre, prouiendront 560. Semblablement les deux quantitez de la seconde somme, & me rapporteront 400, les quantitez de la tierce m'en dõneront 510. Ayãt ainsi trois simples sommes, ne feras autre que ton operatiõ de la regle de troys en compagnée dessus mentionnée Premierement de ses trois sommes en composeras vne par addition, qui sera 1470, fort propre au premier terme. au second terme situeras le gaing 2345

& au

ALligatiõ eſt quãd pour diſtribuer ou proportionner vne ſomme propoſée, ioignõs & alliõs les differẽtes valeurs de pluſieurs quãtitez, exigeant d'icelles cõpetantes portiõs pour faire eſgalle valeur à ladicte ſomme. Et à ces deux vſages, le premier eſt, quand diſtribuõs diuerſes quãtitez en vne ſomme d'eſgalle valeur: comme chopine de vin blanc valant vn liard, & chopine de vin clairet valant 2 liards, pour faire pinte de vin clairet a 3 liards. Le ſecõd eſt quãd diſtribuõs la ſomme propoſée en diuerſes quãtitez, ce neantmoins d'eſgalle valeur. Cõme ſi tu employes la ſomme de dix eſcuz, & en metz quatre en drap & ſix en ſoye: la ou la ſõme de dix eſcuz eſt eſgelle aux deux quãtitez c'eſt à ſçauoir à 4 eſcuz de drap, & 6 de ſoye. Et en ces deux vſages ſont 2 operatiõs neceſſaires. La premiere eſt de trouuer & diſpoſer les differẽces que les valeurs de diuerſes quãtitez, particulieremẽt prinſes ont à la valeur de la ſomme propoſée La secõde operation n'eſt autre choſe que la regle de trois en cõpaignie. Exẽple de la premiere, i'ay deux ſortes de vin, l'vn vault 4 tournois la pinte, l'autre 16: & de ſes deux quantitez diuerſes, ie veux exiger 2 portions competantes d'eſgalle valeur, pour faire quelque ſomme propoſée: poſons le cas que douze tournois ſoyent vne pinte de vin. Prens en premier lieu la valeur propoſée 12. & dis iceluy eſtre le moyẽ nombre. Apres diſpoſé les autres deux nombres des valeurs diuerſes qui ſont 4 & 16 tournois: tellement mis les nombres ſpecifians les troys quantitez determinent les troys proportions de ladicte valeur 2400, à ſçauoir la moytié, la tierce partie, & la ſixieſme. Leſquelles ſpecifieras par les parties du nombre du premier terme, qui eſt 36, ſituant en iceluy troyſieſme terme la moytié de 36 qui eſt 18, & ſa tierce partie qui eſt 12, & ſemblablement ſa ſixieſme partie qui eſt 6, comme tu vois icy.

La ſomme ayant vne moytié, vne tierce, & ſixieſme partie.	*La valeur totalle du teſtateur. à departir.*	*Les parties apartenantes aux troys miſes particulierement.*	
36	2400	*moytié*	18
		tierce	12
		ſixieſme	6

Apres diras, ſi a 36 qui eſt le nõbre determinant, & contenant toutes les proportiõs propoſées, eſt deüe & aſſignée toute la valeur du teſtateur 2400: cõbien en ſera deu à 18 qui eſt le nombre determinãt la moytié? & auoir faict l'operation par la regle de 3, prouiendront 1200. Apres pour la ſecõde portion qui eſt 12, determinant la tierce partie, reprendras la regle de troys & auras 800, & pour la tierce portion qui eſt 6 determinant la ſixieſme partie, auras 400. Tu peux icy voir les parties du bien du teſtateur conuenantes a ſa femme, filz & ſeruiteur.

36	2400	*moytié* 18	1200
36	2400	*tierce* 12	800
36	2400	*ſixieſme* 6	400

De la regle d'allience.

dre de foys ladicte pinte, signifiée par ledict moyen 12. Et par ce qu'au present exemple ne l'auons voulu prendre qu'vne foys, noteras ce nombre vn. Ce parfaict, procederas en la regle de troys en compagnie, comme s'ensuyt. Assemble premier les differences 8 & 4, & auras 12, qui sera propre pour le premier terme de la regle de troys, comme appert au suyuant exemple. Le second terme sera la somme des pintes que veux auoir, qui est vne. le tiers nombre sera vne chascune difference particulierement prinse, qui sont 4 & 8. Ayant ainsi disposé ces trois nombres, diras: si 12 me donnent 1, combien 4, combien 8, & en la premiere difference de l'operation 4, auras $\frac{4}{12}$ de pinte, qui valēt vne tierce $\frac{1}{3}$ de pinte, & pour autant que ladicte differēce 4 en la precedente dispositiō respōdoit au nōbre de moindre valeur, sera ladicte tierce de pinte de vin de moindre valeur. Et en la secōde operatiō de la difference 8, auras $\frac{8}{12}$, qui seront 2 tierces de pinte: & pour autant qu'iceluy 8 respondoit à la plus grāde valeur, seront icelles 2 tierces de vin de plus de valeur. Ainsi concluras que pour faire vne pinte vallant 12 tournois, te faudra prendre vne tierce du vin de 4 tournois, & deux tierces du vin de 16, & ce repetera la regle de troys autant de fois qu'il y aura de differentz nombres au tiers terme, ainsi qu'en la regle de compagnie.

que le moyen reſponde au meillieu des autres comment s'enſuyt. Apres conferez à iceluy moyẽ la valeur des autres 2 ſommes, qui ſont 4 & 16, & voyant que le premier, qui eſt 4, differe du moyen 12 de 8, & le ſecond, qui eſt 16, de 4, diſpoſeras ces deux differences 4 & 8 en telle ſorte que la moindre des deux, laquelle eſt 4, ſoit reſpondante à la plus grande valeur des deux quantitez, qui eſt 16. Et au contraire ſoit reſpondante la plus grande difference, laquelle eſt 8, a la quãtité de la moindre valeur, laquelle eſt 4, en ceſte ſorte.

Exemple de la diſpoſition.

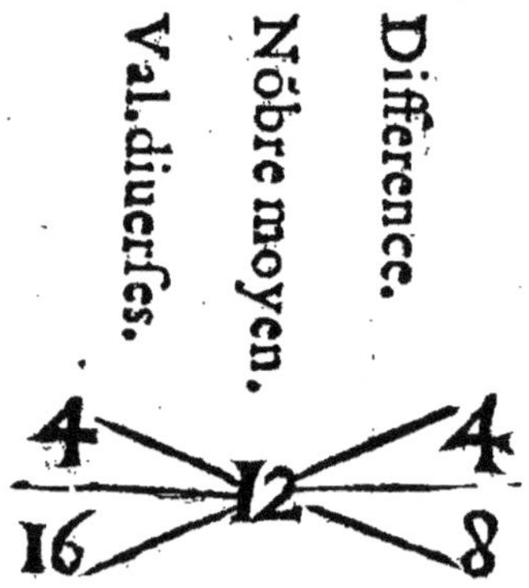

LA diſpoſition ainſi parfaicte n'auras plus à faire de la valeur du nombre moyẽ, ains d'vn nombre ſpecifiant combien tu veux prendre des choſes ſignifiées par iceluy nombre moyen, comme au preſent exemple le nombre moyen 12 te ſignifie vne pinte. Note dõc le nombre ſpecifiant combien tu veux pren-

pourras prendre ꝓportion conuenante au nõbre moyen. Exemple, soit le nombre moyen 6 designãt vne pinte de vin valant 6 tournois, & soyent les diuerses quantitez plus grandes 16 & 24 denotant vne pinte de 16, & vne de 24. Tu vois cleremẽt que de ses deux pintes de 16 & 24 tournois tu ne sçaurois faire vne pinte respondante à la valeur du nombre moyen 6: Car tousiours prouiendra plus de 6. Semblablemẽt si tous les nombres sont moindres que le moyen, ne pourras accomplir ta compositiõ iouste la valeur du moyen, tout ainsi que d'vne pinte de 2 tournois, & d'vne de 3, ne sçaurois faire vne de 6. Et si les quantitez diuerses sont d'egalle valeur auec le moyen, en vain ce seroit de chercher la proportiõ, qui est trouuée, comme si les diuerses chose estoient vne pinte de 6 tournois, & vne autre aussi de 6, & le nombre moyen fust aussi 6. Tu vois biẽ que ta composition de la pinte du nombre moyen ne sçauroit fallir à valoir 6, estant composée des vins qui ne vallent ne plus ne moins. Concluons donc que pour composer vne quãtité moyenne de plusieurs quantitez de diuerse valeur, fault necessairement que les vnes des diuerses quantitez soyent plus grandes que le nõbre moyen les autres plus petites.

Du second vsage.

NOus auons monstré cy dessus le premier vsage de ceste regle: c'est à sçauoir que

Exemple.

12	1	4	$\frac{4}{12}$	ou bien	$\frac{1}{3}$
12	1	8	$\frac{8}{12}$		$\frac{2}{3}$

Preuue.

ICy tu vois cõme vne tierce de vin de 4 tournoys ne vault qu'vn denier & vne tierce de denier: pareillement comme 2 tierces du vin de 16 deniers ne valēt que 10 tournois & deux tierces de tournois: Parquoy si tu adioustes vn tournois & vne tierce de tournois du premier vin de 10 tournoys, & deux tierces de tournois du second vin, prouiendront 12 tournois, la valeur de la somme proposée, Telles operations necessaires grandement sont en la cõposition des simples en medecine, & pour faire alliance de metaux, & plusieurs autres belles operations,

Annotation.

EN ces operatiõs est necessaire, que des diuerses quantitez, les vnes soyent plus grandes que le nombre moyen, & les autres moindres: comme as veu au precedent exemple, que des deux quantitez 4 & 16: l'vne asçauoir 4, estoit moindre que le moyen 12, & l'autre qui estoit 16, estoit plus grande qu'iceluy moyen 12: & si autrement aduient, necessairement ou toutes les quantitez seront plus grandes, qu'iceluy moyen ou bien toutes moindres ou toutes egalles. Si elles sont toutes plus grandes, ne

triesme de safran, 50. Apres logeras le nombre moyen 20 à dextre, tellement que les quantitez des valeurs moindres que luy, respondent au dessus cõme 10, & 15, & au dessouz les valeurs lesquelles sont plus grandes: comme 35, & 50, cõme appert en la suyuante figure. Apres lieras par certaines lignes ou traits par derriere les nombres qui sont de moindre valeur que le moyen, auec ceux qui sont de plus grãd valeur. Ce faict, cõfereras vne chascune valeur des predictes especes 10, 15, 35, 50, auec le nombre moyen, & noteras la differẽce à main droicte, ainsi que s'ensuyt. Considere la difference des nombres de moindre valeur, & la loge au droict de ceux de plus grand valeur, auec lesquelz ilz seront liez. Et au cõtraire loge la difference de ceux de plus de valeur, au droict de ceux de moindre, auec lesquelz les verras estre par derriere liez, & cest artifice de lier les moindres nombres aux plus grandz, feras à ton plaisir: car tu peux lier le premier de A, auec celuy de C, & celuy de B auec celuy de D, cõme il appert au second exemple B: ou bien tu peux lier le nombre de A, auec celuy de D, & celuy de B, auec celuy de C, cõme au premier exemple A, ou bien les deux A B: auec C tout seul: ou C D auec A tout seul, ou B cõme appert au tiers exemple. Car (comment que soit faicte la ligation) sera mesme prouenu, pourueu que seulemẽt ceux de moindre valeur que le moyen nombre soyẽt liez auec ceux de plus de valeur que ledict moyen. Exemple. Prens

quãd diuerſes quãtitez ſont diſtribuées & proportionnées en la compoſition d'vne ſomme d'eſgalle valeur : reſte que diſions du ſecond vſage, à ſçauoir de diſtribuer vne ſomme, en diuerſes quantitez d'eſgalle valeur. Ce qui reſtera ſera aiſé à comprendre par ceſt exemple. Vn marchand ayant 240 eſcuz, veult auoir 12 quintaux de marchandiſe en ces eſpeces, à ſçauoir, Succre, poiure, ſaffran, & quanelle. Il eſt queſtion combien luy fauldra prendre d'vne chaſcune deſdictes eſpeces, pour acomplir les 12 quintaux vallãs 240 eſcuz. En premier lieu fauldra extraire ton nõbre moyen, lequel doit eſtre faict de la valleur d'vn des 12 quintaux. Et pour iceluy auoir, diras ainſi : Si pour auoir 12 quintaux ie metz 240 eſcuz, combiẽ pour vn quintal? Et ayãt faict la regle de troys, prouiendront 20 eſcuz, qui ſera ton vray nombre moyen, comme au parauant auons monſtré. Apres feras ta premiere operation, laquelle cõſiſte à trouuer & diſpoſer la difference que la valeur d'vne chaſcune des eſpeces precedentes aura à ton nombre moyen. Pour laquelle choſe faire logeras par ordre leſdictes eſpeces l'vne ſur l'autre, commençant des la moindre iuſques à la plus grande, comme appert au ſuyuant exẽple. Notant au droict d'icelles, à main droicte la quantité de la valeur reſpondant à vn quintal d'vne chaſcune d'icelles eſpeces, & auras pour la valeur de la premiere eſpece, qui eſt ſuccre, 10 eſcuz. Pour la ſeconde de poiure, 15 : pour la tierce de canelle, 35 : pour la quatrieſ-

Diſpoſitiō de diuerſe aliāce ayāt toutefois meſme effect.		Valeur diuerſes.	Nombre moyen.	Differēce.	
A Vn quĩtal. Succre.	A	10		30	
poyure	B	15	20	15	
canelle.	C	35		5	
ſaffran.	D	50		10	
B Vn quĩtal. ſuccre.	A	10		15	
poyure	B	15	20	30	
canelle.	C	35		10	
ſaffran.	D	50		5	
C Vn quĩtal. ſuccre.	A	10		15,	30
poyure	B	15	20	15,	30
canelle.	C	35		5,	10
ſaffran.	D	50		5,	10

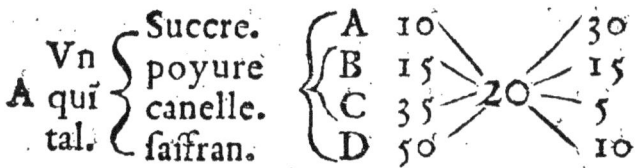

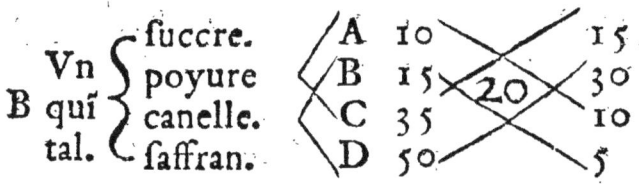

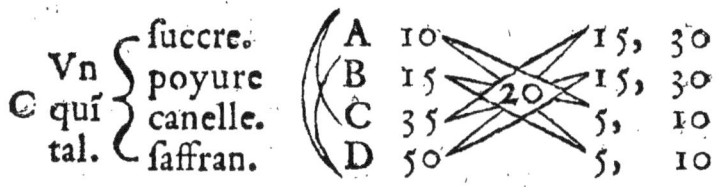

AVoir ainſi parfaict ceſte diſpoſition, plus n'auras affaire du nombre moyen, ains du nombre ſpecifiant combien tu veux prendre des choſes ſignifiées par iceluy moyen. Cō me au preſent exemple, le nombre moyen 20, ſignifioit vn quintal. Tu noteras donc combien de fois, tu veux auoir ledict quintal deſigne par le nōbre moyen 20. Or au preſent exēple le voulons prēdre 12 fois, parquoy noteras ce nōbre 12. Ce qu'auoir faict procederas en la regle de trois en cōpaignie cōme s'ēſuyt. aſſēble premier emēt les differēces 30, 10, 15, 5,

le premier nombre de moindre valeur qui est 10, apres confere le auecques le moyen 20, la difference sera 10. Et par ce que son nombre, qui est aussi 10, est lié par derriere auec le nombre de plus de valeur 50, logeras la predicte difference qui est aussi 10, au droict d'iceluy 50. & au contraire la differẽce que 50 a au nõbre moyen, laquelle est 30, logeras au droict dudict nombre 10. Semblablement logeras au droict du plus grand nombre la difference que le second nombre 15 a au nombre moyen qui luy est allié, laquelle est 5, à sçauoir 35. Et au contraire poseras la differẽce que ledict 35 a au moyẽ 20, au droict de 15. Ainsi dõc situãt & transposant les differences de ceux de moindre valeur au droict de ceulx de plus de valeur qui leur sont alliez, sera parfaicte l'operation de la disposition. Et note ce que dessus auons dict comme l'aliance ce faict à plaisir, sauf que ceux de moindre valeur soyent liez auec ceux de plus de valeur. Exemple de la disposition des especes, diuersement alliez auec la valeur qu'vn quintal, d'vne chascune d'icelles, se pourront monter, & les differences que telles valeurs ont au moyen, transposées comme icy vois.

ces, iouxte iceux 4 prouenuz, à sçauoir 6 quintaux de succre, 3 de poïure, vn de canelle, 2 de saffran, lesquelz, somme toute, rapportent les 12 quintaux requis, valans la somme proposée.

Preuue.

MVltiplie vn chascũ desdictz prouenuz 6, 3, 1, 2, par la valleur de lespece à laquelle ilz sont applicquez, à sçauoir le prouenu 6 par la valeur de lespece du succre, laquelle est 10, & auras 60: & le prouenu 3 par la valeur du poïure 15, & auras 45: & le prouenu 1 par 35, & auras 35, & 2 par 50, & auras 100. Apres adiouste icelles sommes 60, 45, 35, & 100: & te rapporteront en leur valeur, la somme qu'auõs proposée y employer, à sçauoir 240 comme peux voir en l'exemple precedent.

ITem vn marchãd veult employer 240 escuz en 12 quintaulx de ces 3 especes, à sçauoir girofle, mirabolãd confict, & baulme: son nombre moyen sera 20, comme dessus. Or presupposons les valeurs de ces 3 especes estre 10, 35, 65. Icy tu as 2 valeurs, à sçauoir 35, & 65, qui excedẽt le nombre moyen 20, & vne seule qui est moindre à sçauoir 10: Parquoy necessairement faudra la difference d'iceluy 10 estre repetée audroict des autres, deux de plus grand valeur, & au contraire, leur deux differences estre transferées au droict du nombre 10.

lesquelles rapporterõt 60, lequel nombre sera le premier terme, en la regle de trois. Et le secõd terme, sera la somme des quintaux, laquelle est 12. & prendras pour le troisiesme terme vne chascune des 4 differences 30, 15, 10, 5, particulierement, disant si 60 me donnẽt 12 cõbien 30, combien 15, combien 10, combien 5: & auras pour la premiere difference de 30, 6, pour la secõde de 15, auras 3, & pour la troisiesme 5, auras 1, & pour la quarte 10, auras 2: comme appert au present exemple.

60	12	30	6
60	12	15	3
60	12	5	1
60	12	10	2

Reste qu'entendez ausquelles des 4 precedentes especes, succre, poïure, canelle & safran, accõmoderas vn chascun des 4 predictz prouenuz 6, 3, 2, 1, qui te specifient le nombre des quintaux que tu en doibz prẽdre. Surquoy as à noter qu'vn chascun prouenu appartient à l'espece qui respond droictemẽt à la figure de la disposition precedente, à la differen ce de laquelle, ledict prouenu est prouenu, cõme le prouenu 6 doit estre attribué à l'espece du succre, Par ce que la differẽce 30 (de laquelle il est prouenu) respondroit droictemẽt à lespece du succre, & par la mesme raison le prouenu 3 appartiendra au poïure, & le prouenu, à la canelle, & 2 au safran, cõcluras donc qu'il fault prendre d'vne chascune desdictes quatre espe-

LE SECOND LIVRE D'ARITHMETIQVE TRAICTANT DES NOMBRES SELON LES FIGVRES.

Des diuerses mesures.

A Cause que nostre intention est de traicter en ce liure des mesures selõ les figures, auãt que proceder plus outre, te mõstrerons la diuersité des mesures qui sont plus en vsage: Affin que cõgnoissant icelles, les puisses appliquer aux figures, selon ton bon plaisir.

Et premierement.

Vn doigt contient	4 grains d'orge.
Vne paulme	4 doigtz
Vn pied	4 paulmes
Vne coudée	$1\frac{1}{2}$ piedz
Vn simple pas.	$2\frac{1}{2}$ piedz
Pas de geometrie	5 piedz
Vne toïse	6 piedz
Vne perche	10 piedz
Vn stade	125 pas
Vn mille	8 stades
Vne lieüe françoise	2 mille
Vne lieüe commune	$2666\frac{2}{3}$ pas
Vne lieüe grande	4000

Diuerſes valeurs dũquĩtal.	moyen nõbre.	Differences.	Cõbiẽon doit prẽdre de quintaulx.	La valeur des quintaux.
Girofle 10		15 45	9	90
mirabolás 35	20	10	1 $\frac{1}{2}$	52 $\frac{1}{2}$
Baulme 65		10	1 $\frac{1}{2}$	97 $\frac{1}{2}$
			12	420

ET note ſur-ce qu'en la regle de troys faudra prendre 15 & 45, qui ſont en meſme endroict par vn nõbre à ſçauoir 60, diſant ſi 80 me dõnent 12 combien 60 combien 10 combiẽ 10 & auras les 3 prouenuz 9 1 $\frac{1}{2}$ 1 $\frac{1}{2}$, qui acompliront la ſomme requiſe 12 & ainſi des autres.

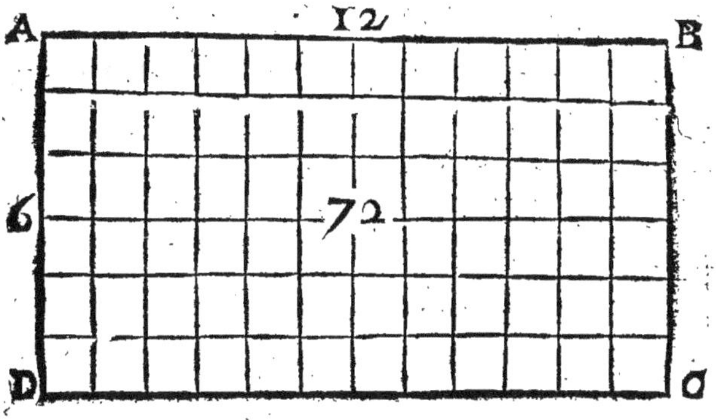

COrps solide est la trace, ou plustost la continuation de la superfice, conduite & engrossie par quelque ligne de profundité, ou haulteur. Comme si la superfice A, B, C, D, 72, estoit coulée & engrossie, par la ligne de profundité C, E contenant 4, laissant comme trace de sa largeur l'épesseur & grosseur du corps A, B, C, D, E, F, ainsi que la superfice 72, multiplie par la profundité 4, produict 288. Nous dirons donc estre corps solide toute figure ayant longueur, largeur, & profundité.

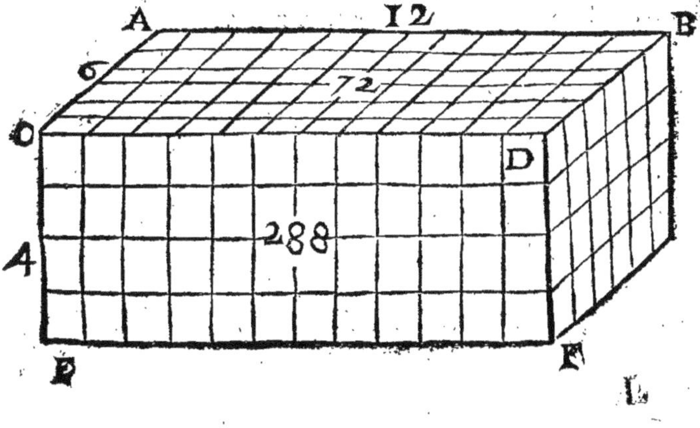

SECOND LIVRE

Deffinition des Principes de Geometrie.

Le poinct en Geometrie eſt ſemblable à l'vnité d'Arithmetique : Car comme l'vnité n'eſt point nombre, ains commencement d'iceluy, auſsi le poinct n'eſt point meſure, ains commécement d'icelle.

La ligne eſt la trace & continuatiõ du poinct, ainſi que tout nombre par ſoy eſt la trace & cõtinuation de l'vnité. Comme ſi le poinct de A eſtoit coulé iuſques à B, laiſſant par ſa trace la ligne A B, ayant ſeulement longueur.

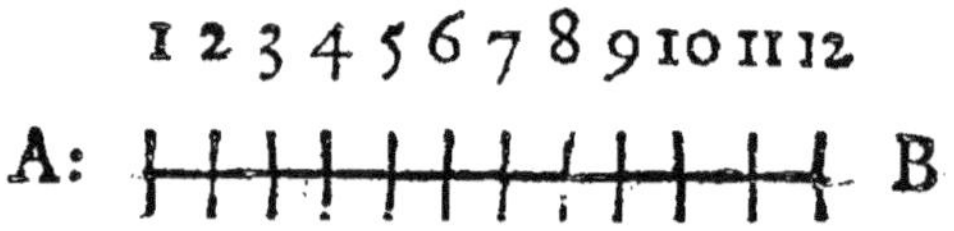

Ligne.

SVperfice eſt la trace & continuation de la ligne qui ſe faict par vne autre ligne en large plaine, icelle ligne eſtãt cõduicte par vn autre nõbre cõme ſi la ligne A B eſtoit coulée par la ligne A D. laiſſant la trace de toute la ſuperfice A B C D : ou bien ainſi que ſi le nombre A B qui eſt 12 multiplié par le nombre A D qui eſt 6, produiſoit le nombre de la ſuperfice 72 ayant longueur & largeur.

ment que si les lignes se croissoient feroit quatre angles esgaux & droictz : Ce qu'en la suyuãte figure t'est represente par A, B, C, D, Angle aigu est celuy qui est moindre q̃ le droict, comme tu veois E, C, B. Angle obtus est qui est plus grãd que le droict designe par E, C, A.

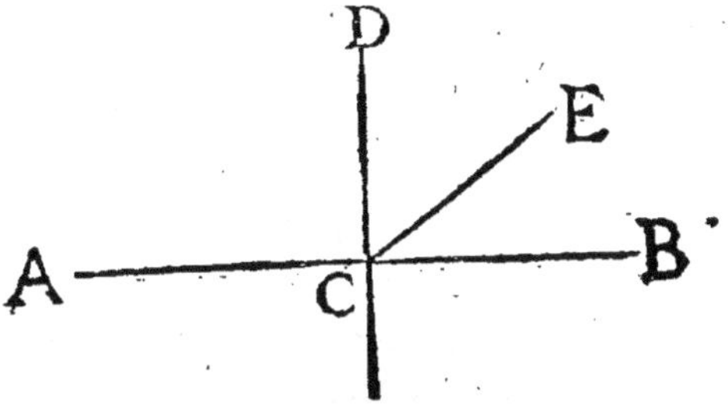

Paralelles sont 2 lignes tirées à l'opposite l'vne de l'autre, si droictemẽt que si estoiẽt produictes infiniement, iamais ne se pourroient toucher comme appert icy A, B, C, D.

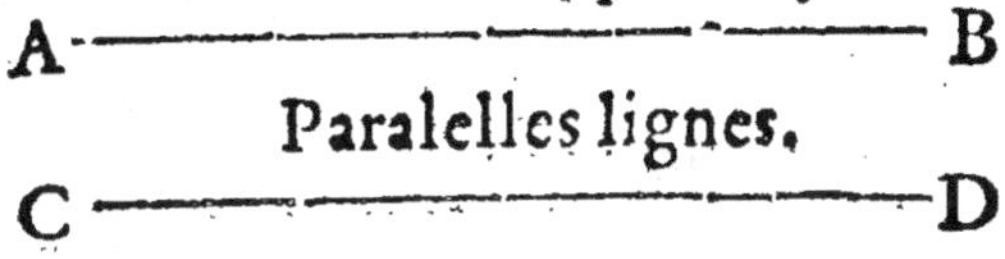

Paralelles lignes.

La premiere superficiale figure est le triangle qui est chose admirable que ne puissiõs auoir apparence d'aucune superfice, ou figure qu'ẽ premier lieu icelle ne face hõmage, à l'autheur de toute quantité, representant en sa figure le nõbre ternaire. Et se faict ladite superfice ou nombre triãgulaire, iouxte la progression naturelle, cõme la ligne lateralle, sauf que la ligne ne prend qu'vne vnité de tant de nombres qu'elle a en sa progresion, tellement que si tu contes autant d'vnitez qu'il y a de nõbres à ladicte progresſion, le prouenu te monſtrera la ligne, & ſera egal au dernier nombre de ladicte progresſion & pour te monſtrer la choſe plus facile, trouueras en la ſuyuante figure laterallе ou lineaire auoir 15 nombres: prens vne vnité pour chaſcun & tu auras 15 qui eſt eſgal au dernier nõbre de la progresſion: mais le triangle (comme auons dict) non ſeulement prend vne vnité, mais toute la quantité precedente. Prenõs pour exẽple le triãgle de 3 en la ſuyuãte figure au rẽg des triãgles. Tu vois iceluy triangle 3 auoir eſté composé de l'vnité & du nõbre binaire, qui ſont 3, & le ſuyuant triãgle 6, par l'addition du ternaire, au precedent 3. & de rechef le ſuiuãt 10 par l'addition du quaternaire au precedẽt: & ainſi des autres: ce que mieux pourras colliger en la ſuiuante figure, la ou te ſont notez les nombres lineaires, ou lateraux, la progresſion des triangles, & meſme la progresſion du quarré, lequel cõme peux voir, ſe faict, par l'addition des deux triangles prochains. Et pour exẽple adiouſte les 2 premiers triangle qui ſont 1 & 3, & formeras le premier quarré qui eſt 4, & ainſi des autres, ſemblablement par l'addition dudict quarré 4 & de ſon precedent triangle qui eſt vne vnité, ſe formera le premier pẽtagone qui eſt 5, & par le meſme moyẽ formeras les autres ſuyuãs, ſelõ leur ꝑgresſiõ. Et ſi tu veux auoir lexagone, adiouſte au pentagone le meſme triangle duquel il eſt composé, & auras l'exagone. Qui voudra plus amplement s'arreſter à la cõtemplation de ces figu res & autres, pourra voir Stiphel, Cardã Milanois, & plusieurs autres qui en ont faict mention en leurs arithmetiques.

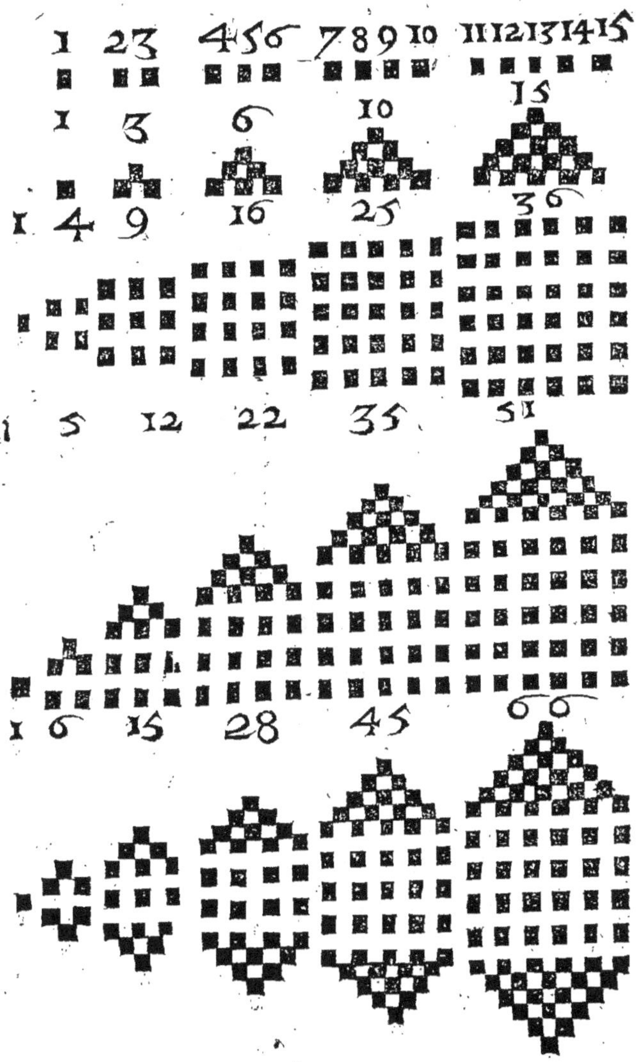

OR ſi promptement veux ſçauoir combien il eſt cõtenu d'vnitez en tous les nombres comprins en quelconque progreſsion triangulaire, adiouſte le premier & le dernier nõbre, & garde le produict, Apres colige le nombre lineaire, c'eſt à dire autant d'vnitez qu'il y a de nombres en ladicte progreſsion, & de ſes deux nombres retenuz, multiplie l'impair pour la moytié du pair, & auras le puenu de ton triãgle, tant en largeur, comme en lõgueur, & feuſt ledict triangle ou progreſsion coupé comme ceſte figure ſuyuante 4, 5, 6, 7.

Exemple.

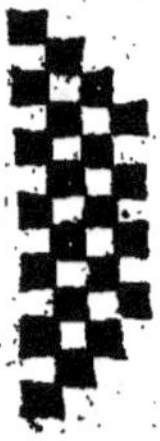

LE premier de ce triãgle coupé eſt 4 lequel adiouſté auec le dernier, font 11. Prens ſemblablemẽt le nombre lineaire du coſté lequel eſt 4, & ainſi ayant tes deux nõbres 11 & 4, multiplie l'impair 11, par la moitié du pair, prouiendra 22, qui ſera la baſe de ton triangle. Fais le ſemblable de la couuerture d'vn clocher & cõte premieremẽt toutes les ardoiſes ou tuilles du circuit, par ambas, conte ſemblablement le dernier circuit ou la derniere tuille du ſommet, & adiouſte ces deux nõbres enſemble, Apres conte des la baſe du couuert iuſques au ſommet, combien il y a de tuilles en vne

vne ligne, & ainsi auras deux nõbres desquelz si tu multiplies celuy q̃ est impair, par la moitié du pair, ce qui prouiendra, sera la quantité desirée.

Des triangles en geometrie.

SI tu veux auoir la superfice du triãgle, dresse vne ligne perpẽdiculaire sur l'vn des costez tendant à l'angle opposite, Et apres multiplie ledict costé, par icelle ligne perpendiculaire, & le prouenu te rapportera vne superfice double à celle que tu quiers : parquoy si tu en prés seulement la moytié, auras la superfice desirée de ton triãgle, Et aux triãgles rectãgles droictz l'vn des costez ioignantz à langle droict, te seruira de ligne perpendiculaire, Soit proposé par exemple le triangle suyuant A, B, C, pour

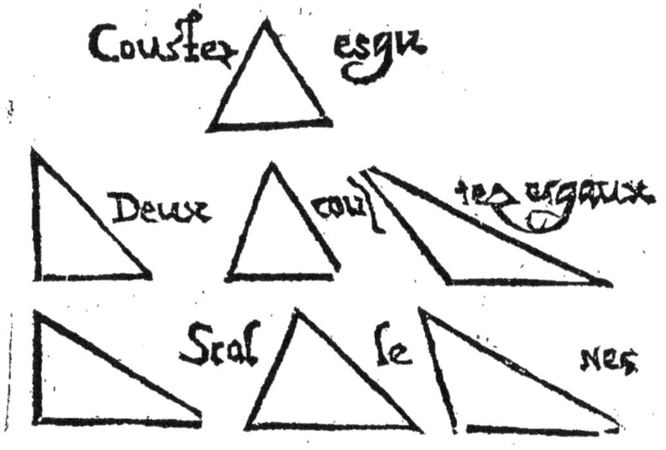

sçauoir combiẽ il a de superfice. Premieremẽt dresse vne ligne perpendiculaire, ou diametrale, sur le costé B, C, tẽdant à l'angle A, laquel-

multipliez 5 par 8 font 40 & 40 par 5 font 200 lesquels il faut multiplier par 18 . & le produit donne 3600 duquel nombre il faut extraire la racine

quarre Je [illegible] 60. sont la superfice du triangle.

le ligne ſera A D, & apres multiplie, iceluy dyametre A, D, qui vault 12, par le coſté B, C, vallant 10, & prouiendront 120, duquel nõbre pour autant qu'il eſt (comme deſſus auons dict) double à la ſuperfice requiſe, prendras la moytié laquelle ſera 60, & tel nõbre diras eſtre le vray ſuperfice de ton triãgle, & ainſi de tous autres.

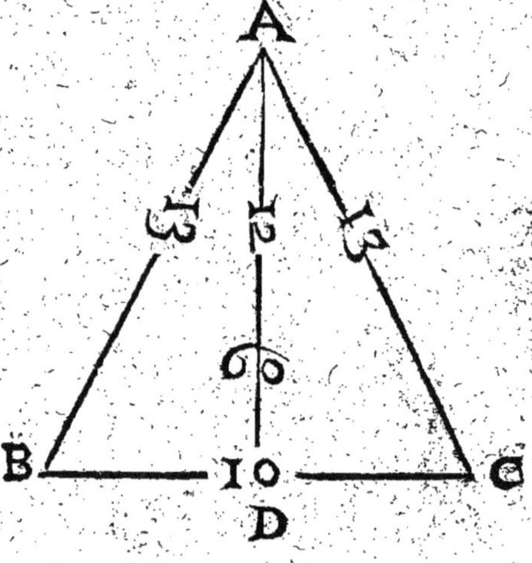

Du parallelogramme.

PArallelogramme eſt, qui a les 2 coſtez oppoſites eſgaux: Ainſi dict, d'autant qu'il eſt contenu en lignes pareilles, & ſe peult faire en 4 ſortes. A ſçauoir en quarré, longuet, lozange: ayant 4 coſtez eſgaux, & en lozange ayant ſeulement 2 des coſtez eſgaux, comme peux icy veoir.

Para

Parallelogramme.

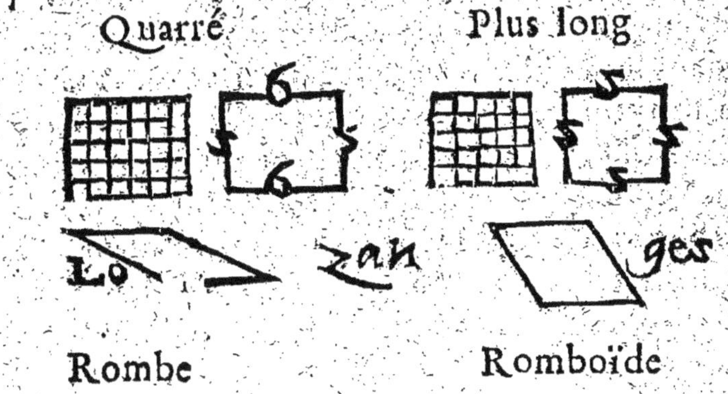

POur auoir la ſuperfice de tout parallelogrã me ayant angles droictz, comme du quarré & du plus long, multiplie vn coſté par l'autre plus prochain, & le prouenu te rapportera la ſuperfice: Pour exemple, prens le coſté du precedent quarré, qui eſt 4, & le multiplie par ſon autre coſté prochain, qui eſt auſsi 4, & au ras toute ſa ſuperfice qui eſt 16, cõme plus facilement appert au quarré exprimé par ſeize. Mais quant aux lozanges, procederas comme s'enſuit. Soit propoſé le lozange ſuyuant. A B C D, en premier lieu, produiras vne ligne dyametralle, prouenant de langle D, iuſques A, diuiſant ladicte figure en 2 triangles egaux, à ſçauoir A B D & C A D. Auoir ce faict, exigeras par tes reigles precedentes des triangles la ſuperfice du predict lozange. Et pource faire prens le triangle A C D & par les meſmes regles, eſlieue ſur le coſté C D, vne ligne perpendiculaire, & ſoit icelle A E: apres par la meſme perpendiculaire contenant 9 parties, multiplie ledict costé E D contenant 14 parties, & prouiendront 126, qui est (comme dessus auons monstré) la double superfice de ton triangle A C D. Or est iceluy triangle A C D la moytié de toute la figure du lozange A, B, C, D, parquoy ledict prouenu contenant sa double superfice, sera respondant à la vraye superfice de tout le lozange, equiuallẽt au double du triangle, & ainsi feras de toute autre figure, parallelogramme, & non rectangle.

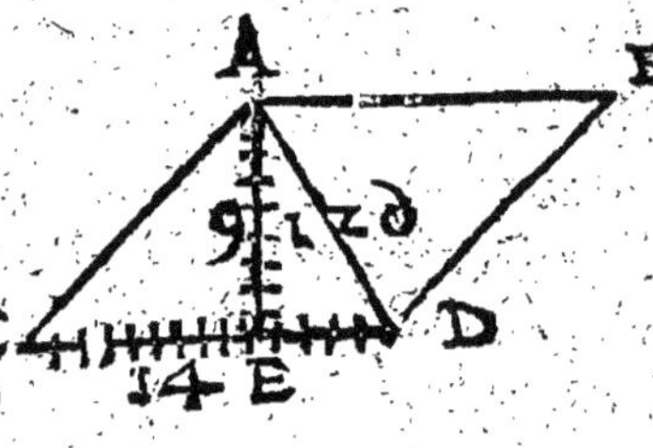

Digreßion du Penthagone.

NOus auons veu le penthagone au parauãt estre composé du triangle ioinct au quarré suyuãt, en quoy appert cleremẽt qu'encore que le nombre d'vn soit exprimé par vne vnité, ce neantmoins le premier triangle est de telle puissance, que s'il est ioinct au suyuãt quarré, qui est quatre, rapporte le penthagone 5: donc poüons colliger iceluy nombre d'vn par expreßion estre vne vnité, mais de puissance & proprieté ternaire & triangulaire: chose admirable que la source & fondement de toute te quantité, represente en soy & monstre aucunement figure de lautheur de toute quãtité, lequel est trine & vn, & qui plus est ceste proprieté trine de l'vnité alors apparoist, quand elle est ioincte au quarré. Or trop est manifeste que la perfection du quarré nous represente les creatures en leurs quatre elemens & quatre qualitez persistentes: Parquoy voyõs que tout ainsi que par le quarré ioinct au triangle, apparoist la proprieté & forme de l'vnité, sçauoir est cõme de puissance elle est trine, aussi par la contemplatiõ des creatures, grandemẽt reluist & apparoist l'admirable gloire & essẽce du createur. Ou bien pouuõs dire, & mieux que par la creature humaine, ioincte à la diuinité, a esté manifestée la trinité d'vn Dieu. Mais par ce que nostre but est de te monstrer non la theorique des figures, ains l'vsaige d'icelles, delaissé toute autre prolixité, nous retournerons aux dimensions des superfices.

Des autres figures regulieres.

Pour la dimẽtion des figures regulieres i'ay esleu quelques regles prinses du traicté de geometrie du tresexcellent mathematicien du Roy Monsieur Oronce Finée, lequel de nostre temps si honnestement c'est porté ausdictes sciences, & en ay adiousté d'autres par lesquelles regles pourras auoir facille cõgnoissance de toute dimension.

La premiere est que pour trouuer le superfice du penthagone regulier, & des autres regulieres figures ayant plus d'angles, conuiẽt auoir le dyametre, & par la moytié d'iceluy, multiplier la moytié de toute la circonferance, & prouiendra le vray espace de toute la base & superfice, comme tu vois par ces deux disticques.

Disticques.

Par la moytié du circuit,
Rons la moytié du diametre,
Ainsi verras de ce produict,
Toute la superfice naistre.

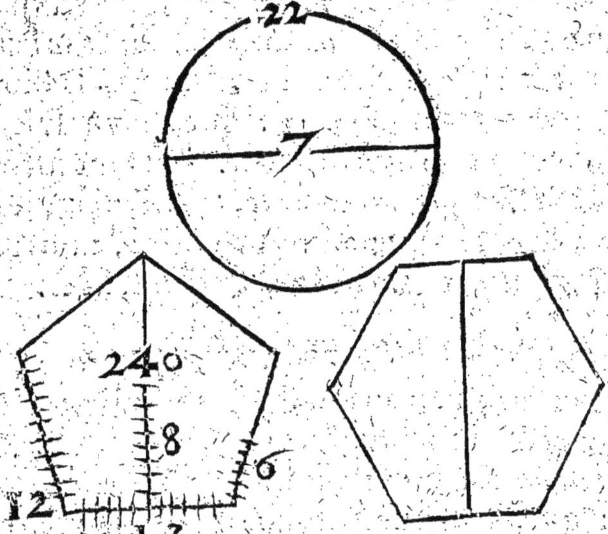

Exemple.

PRens la moytié du dyametre de la figure pentagone, qui est 8, & par icelle multiplie la moytié du circuit qui est 30, prouiendront 240: telle est la superfice du pentagone.

reste que quand les figures auront leurs coutez à nombre pair, comme l'exagone qui en a 6, alors le dyametre ne sera point prins ou terminé sur les angles, ains se trouuera sur les costez, comme appert en lexagone, Et s'il aduient que le circuit des superfices rondes, te soit occulté par le dyametre, facilement le pourras exiger: Car le circuit a telle proportion à son dyametre, que 22 a 7, qui est triple sexquiseptiesme. Et par ainsi si presupposons le diametre auoir 14 piedz, & apres disposons la proportion que le diametre a à son cercle, laquelle est comme 7 à 22, trouuerons facilement par la regle de troys le circuit requis, disant: si 7 (qui est le diametre du cercle ou circuit) me donne 22 pour son cercle ou circuit, quel circuit me donnera le diametre 14, Et ainsi poursuyuant la regle de troys, prouiendra le nombre du circuit requis qui est 44? la moytié duquel qui est 22, si multiplies par la moytié du diametre, laquelle est 7, prouiendront 154, qui sera la base ou superfice de la circonference du rond: mais si tu veux auoir la superfice du corps rōd spherique, multiplie la superfice 154 par 4, & auras 616. Ou bien multiplie le grand cercle au parauant trouué qui est 44 par son diametre 14, & auras le mesme nombre 616, qui sera la superfice du corps spherique, qui est le premier corps des cinq reguliers, & quant aux superfices des autres cinq corps reguliers, à sçauoir celuy qui a 4 faces dict tetraëdron, celuy qui a 8 faces dict hoctoëdron, celuy qui a ſix faces dict cube, celuy qui a 12 faces, dict dodecaëdron, & celuy qui a 20 faces dict ycoſſaëdron : ne te ſera difficile les exiger, voyant icelles n'eſtre autre choſe que aſſemblée de triangles, quarrez, panthagones, ou exagones, deſquelz deſia as veu les dimenſions : toutesfoys affin que mieux te ſoyent expliquées te propoſeray icelles, leurs ſuperfices, eſtendues affin auſſi que quand te ſemblera bon, te ſoit facille proportiõner & compoſer leſdictz corps, ayant congneu les ſuperfices.

Tetraëdron

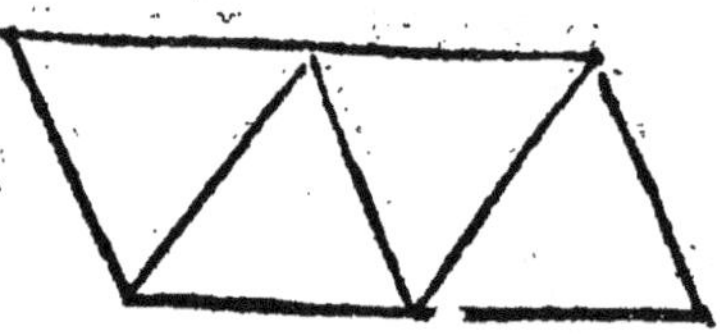

Octaëdron

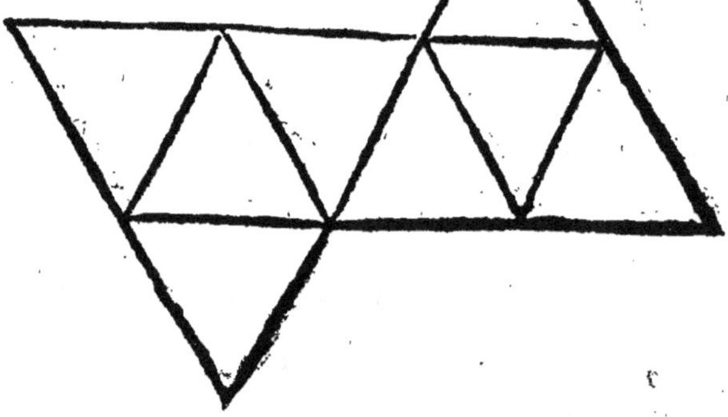

Ycoſſaëdron

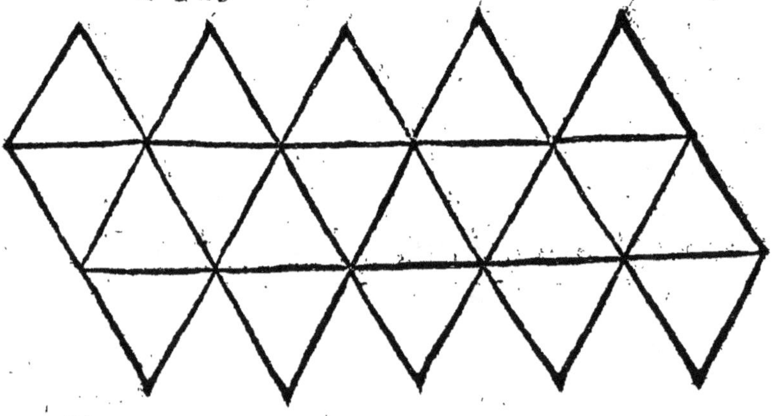

Dodecaëdron.

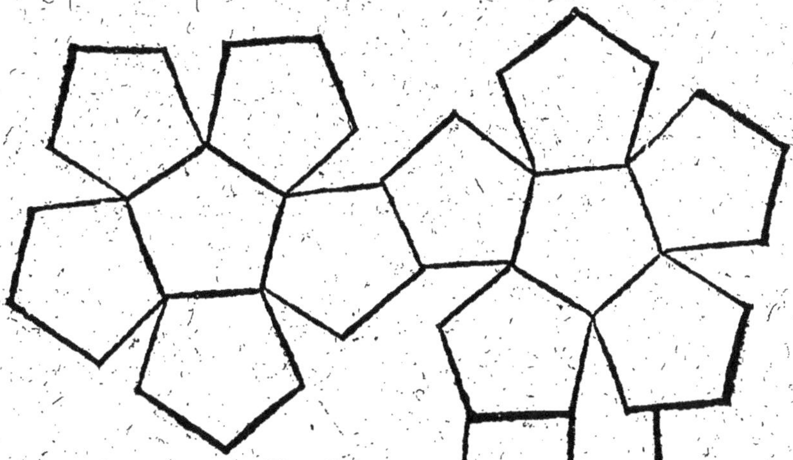

Exaëdron.

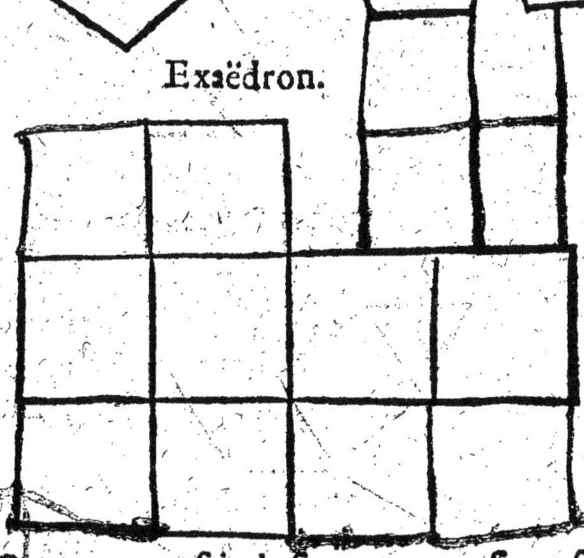

NOus auons aufsi plufieurs autres fuperfices regulieres, d'aucuns corps compofez de diuerfes figures, & pour autant dictz irreguliers, defquelz en partie te propoferay les fuperfices. Et fi apres te plaift les voir en folide, affemble la fuperfice felõ ces ioinctures, & fe prefentera ledit corps en fa vraye forme folide.

Quarres & Pentagones.

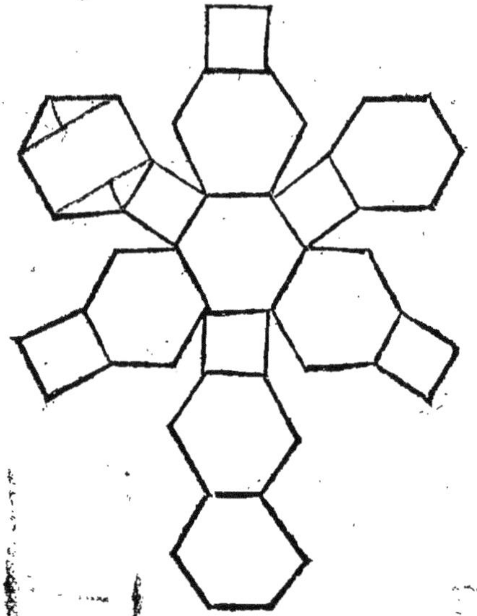

Pentagones & triangles.

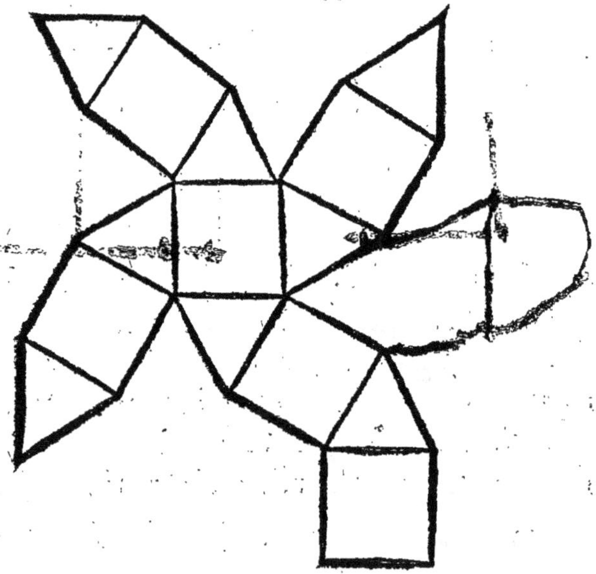

Exagones & triangles.

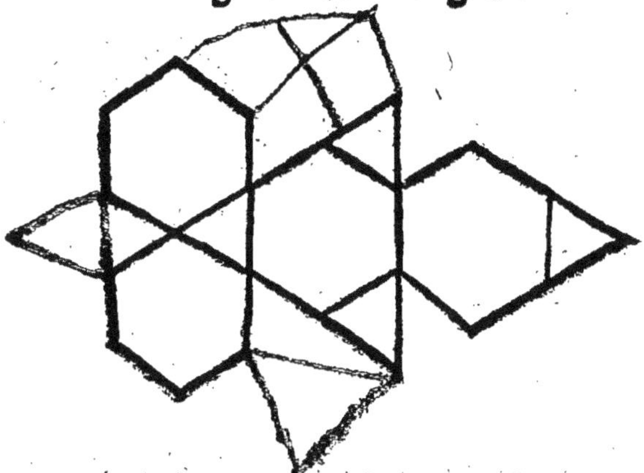

Triangles & Octogones.

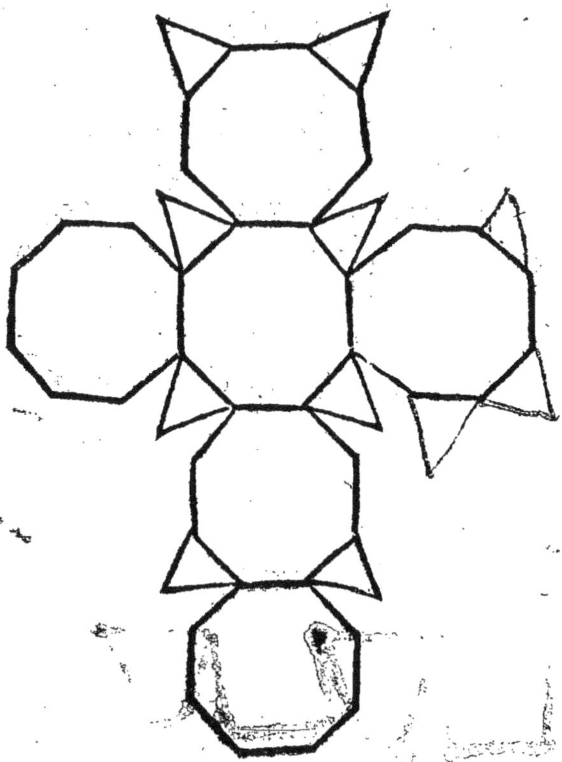

Quarres & triangles.

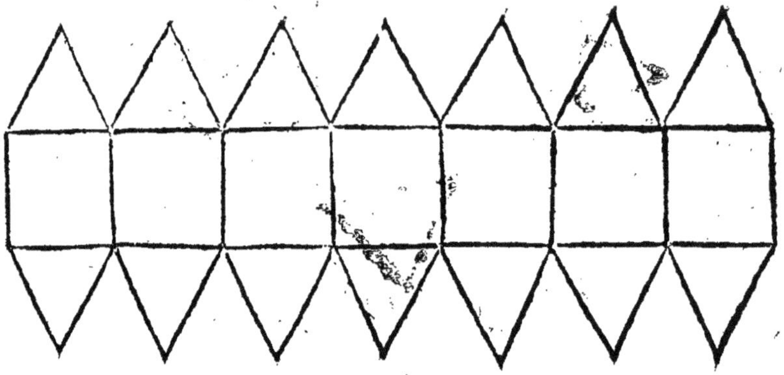

Quarres & triangles.

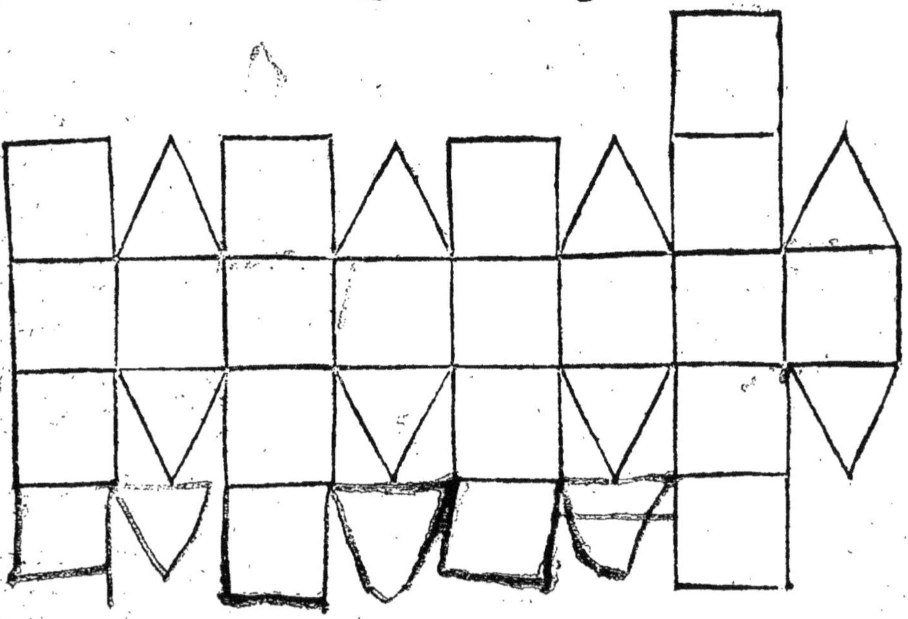

Quarres & triãgles.

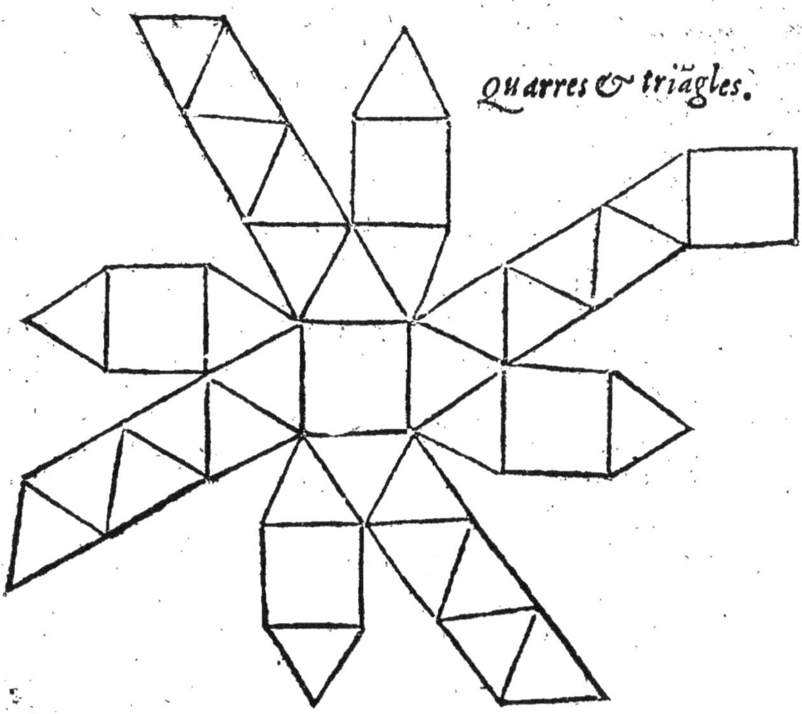

Quarres & octogones.

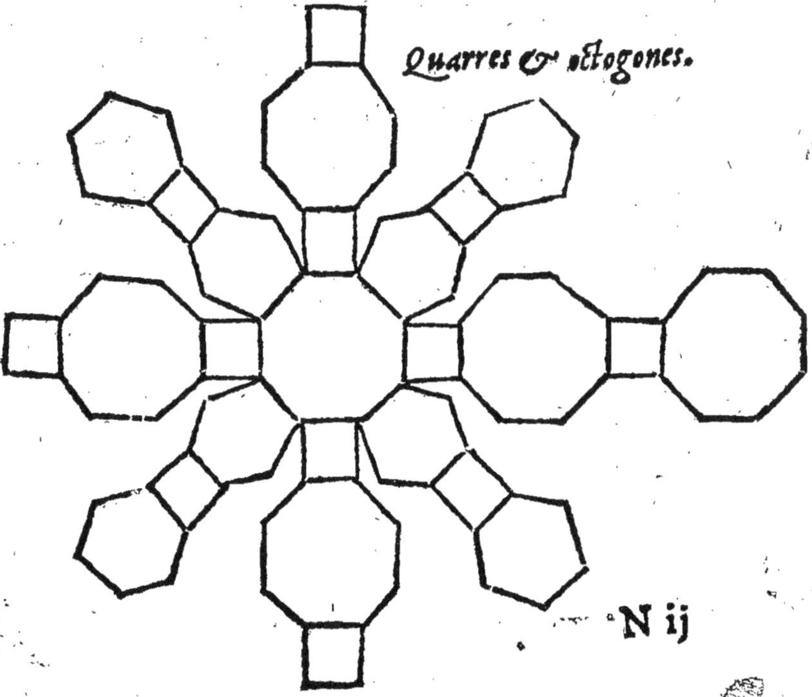

De la section du Cercle.

SI on propose quelque superfice de section du cercle à mesurer, comme la suyuante A B C, en premier lieu verras par les regles precedentes combiẽ toute la superfice de son cercle entier contiẽdroit, pour laquelle chose entendre, presupposons icelle auoir 154, & sa circunferance 44, & ce faict, procederons en la regle de troys disant, si 44 la circonferance du cercle me dõne toute la superfice 154, cõbien me donnera larc de la circõferance ACB contenant 10, & prouiendront 35, qui est toute la superfice de la figure A B C D respondãte audict arc A B C. Mais par ce que ne demãdes toute icelle seuperfice A B C D, ains seulement celle de la section A B C, substrairas de ladicte superfice A B C D 35, la superfice du triangle A B D, laquelle par les regles precedentes trouueras 22 $\frac{1}{2}$ & resteroit 12 $\frac{1}{2}$, la vraye superfice de la section A B C, & de ce peux colliger l'ouale superfice I K, laquelle est composée de deux sectiõs, mesme la lenticulaire F S, laquelle est composée de deux sections, & vn parallelogramme.

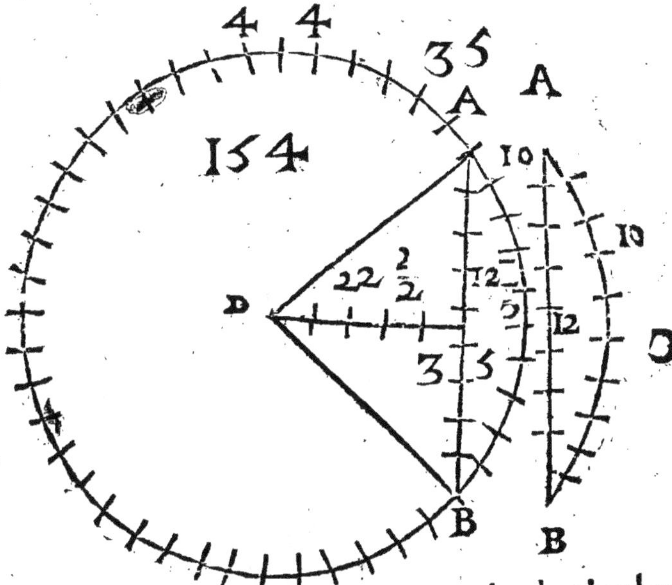

Lenticulaire Ouale.

De toutes figures non regulieres.

QVant aux autres figures difformes & irregulieres, tu les pourras facilement mesurer, si premier tu viens à les resouldre & reduire en triãgles, pour laquelle chose faire fault imaginer ou conduire certaines lignes par leur difformité, les partant par triangles, & apres les ayant partis, prendras d'vn chascun triangle en icelle trouuez, la superfice comme auons monstré.

Figure.

Reduicte en triangle.

A reduire

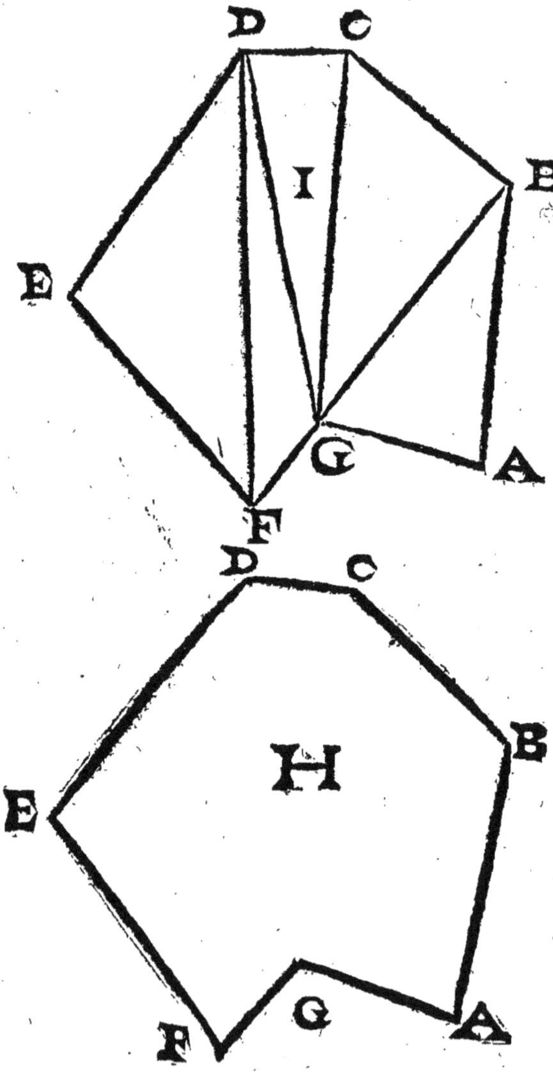

PResuppoſons par maniere d'exẽple la precedente figure difforme H, eſtre vn chãp à meſurer. Premieremẽt faudra trãſcripre la difformité d'icelle figure ou paindre icelle en papier, pour repreſenter le champ. Cõme preſuppoſons nous eſtre repreſenté par la figure de I. Apres ie diuiſe icelle figure par triãgles cõme appert en la figure de I, conduiſant premieremẽt vne ligne de langle de D iuſques au coing de F, & vn autre des ledict coing de D iuſques à langle de G, conſequemment des ledict poinct de G iuſques au coing de C. vn autre, & d'vn meſme G tendant à l'angle de B vn autre, & ſera ainſi la figure reduicte en 5 triangles. Quoy auoir faict, faudra meſurer le chãp ſelon les lignes imaginées & atribuées iceluy correſpõdãtes à la figure, & ce par vne chorde ou inſtrumẽt Mathematique. Et ayant meſuré la longueur d'vne chaſcune d'icelles lignes ſur le champ meſme, tranſporte le nombre d'vne chaſcune d'icelles lignes applicquées au chãp, ſur ton papier, les notant aux lignes de ta figure, correſpondantes aux lignes du champ, tout ainſi que ſi la figure de H eſtoit le champ, & la figure I eſtoit celle de mon papier.

Ayant ainſi tranſporté aux lignes de ta figure les nombres contenuz aux lignes dudict chãp, ſi tu veux tu te retireras en ta maiſon, auec ta figure, & par le moyen des nombres marquez ſur les lignes d'icelle, facillement calculeras à part la ſuperfice de tous les triangles contenuz en ladicte figure, & adiouſtãt les prouenus des triangles, facillement auras la ſuperfice du total, meſme ſur le champ ſans papier pourras faire le ſemblable, par la meſme raiſon & à trouuer la ſuperfice de quelque corps ſolide, grandement te ſeruiront les precedentes reigles.

Des corps ſolides.

AYant bien entẽdu le traicté des baſes & ſuperfices, n'auras aucune difficulté à trouuer les quantitez & capacitez des corps ſolides: car ayant les baſes & la hauteur ou profundité d'vn corps, ſi apres par icelle haulteur multiplies la baſe au parauant congneüe, auras le contenu du corps, cõme verras icy du Cube.

Du Cube.

LE Cube eſt vn corps ſolide, contenant en ſoy largeur, longueur & profundité par vn meſme nombre & meſure, & par ainſi la multiplicatiõ d'vn meſme nombre en ſoy me dõnera la baſe, & icelle baſe multipliée par le nombre que deuant me rapportera la groſſeur & contenu dudict cube en toute quarreure.

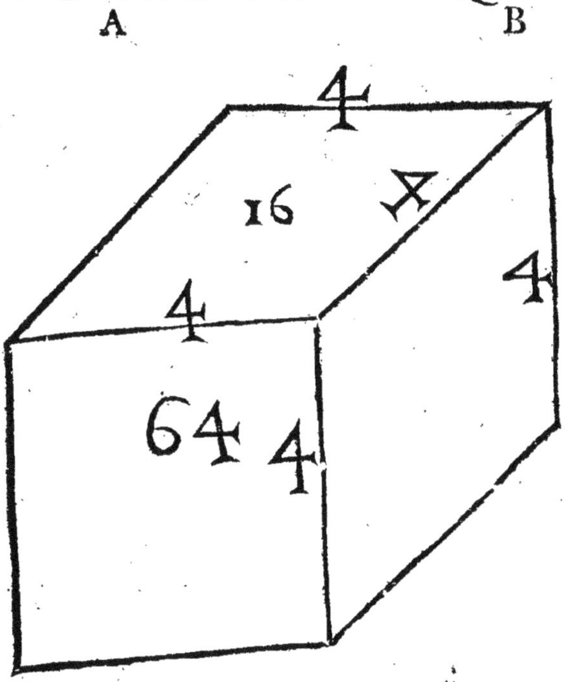

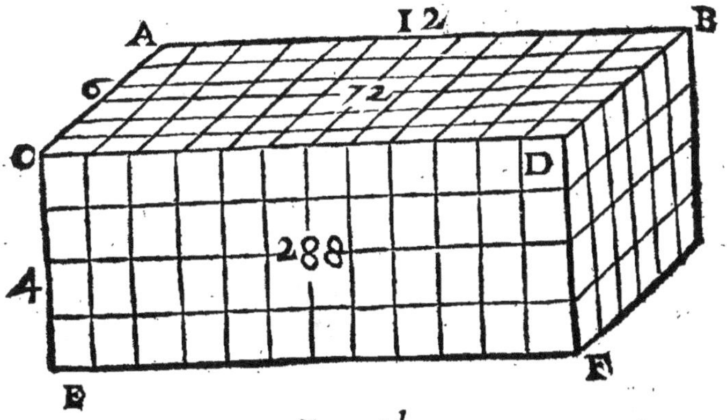

Exemple.

IE veux ſçauoir combien le Cube de A contient, premier ie conſidere les coſtez qui ne contient que 4, ſoit pidz, ou toyſes, ou autre telle meſure que voudras. Premierement ie multiplie l'vn couſté par lautre à ſçauoir 4 par

4, il prouient la base, qui est 16, apres pour auoir le contenu & grosseur de tout le corps, ie prens la profundité qui est aussi 4, & par icelle ie multiplie la base 16, & prouiendront 64, qui est le contenu & grosseur de tout le Cube en toute quarreure.

Et prens ceste regle generalle, qu'en tous corps solides fault considerer trois choses, la lōgueur, la largeur, & profūdité par quoy ayāt la base (cōme auons monstré) si tu la multiplies par la hauteur, auras tousiours le contenu, & grosseur en toute quarreure. Et ce dis-ie de tout corps à droicte ligne, ayant 6 faces respondantes, comme le cube: prenons pour exemple la figure A, B, C, D, ie multiplie l'vn costé, qui est 12, & me represente la longueur par la largeur, 6 il prouiét la base 72, laquelle base ie multiplie de rechef par 4 la profundité, & prouient 288, qui est le contenu & grosseur du dict corps A, B, C, D.

Item si vne Muraille a 15 toises de longueur & deux de largeur & 3 de haulteur multiplie la longueur 15 par la largeur 2, & auras la base 30 laquelle si tu multiplies par la hauteur 3 auras le contenu des toises cubiques en toute quarreure qui est 90.

Item en toute coulōne ou autres corps pourras faire le semblable.

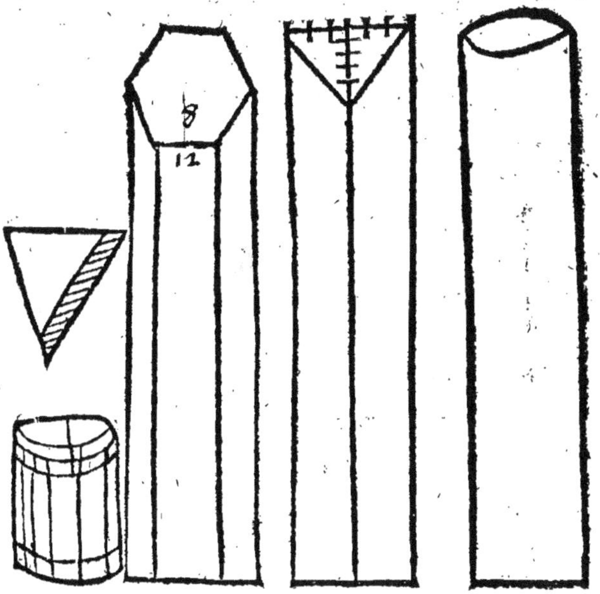

5
3
15
30
450

12
6
72
4
288

EXemple la presente coulonne triangulaire a le costé de sa base 6 piedz, le diametre d'icelle base en a 5, multiplie le diametre 5 par la moytié du cousté de la base, laquelle moytié est 3 & tu auras la base 15 puis multiplie icelle par la haulteur de la pyramide, qui est 30, & prouieudra le vray contenu de la colõne, qui sera de 450 piedz cubiques & ainsi des autres multipliant la haulteur par la base, soit colunne rompue ou entiere.

Des Pyramides.

QVát aux corps Pyramidaux v seras de la mesme operatiõ que deuát, multipliát la haulteur par la base, reste que du prouenu fault ſeulement prendre la tierce partie. Car la Pyramide cõferée à vne coulomne de meſme haulteur, & de meſme baſe n'eſt ſinõ ſa tierce partie.

Et par exemple nous prendrons la ſuyuante figure pẽthagone, qui eſt Pyramide, & premierement trouuerons la baſe multipliãt comme auons monſtré la moytié du circuit 30 par la moytié du diametre 8 & prouiendront 240. apres multiplierõs ladicte baſe par la haulteur de la Pyramide 20 & rapportera 4800, deſquelz prens la tierce partie, & auras 1600, qui eſt la vraye Pyramide.

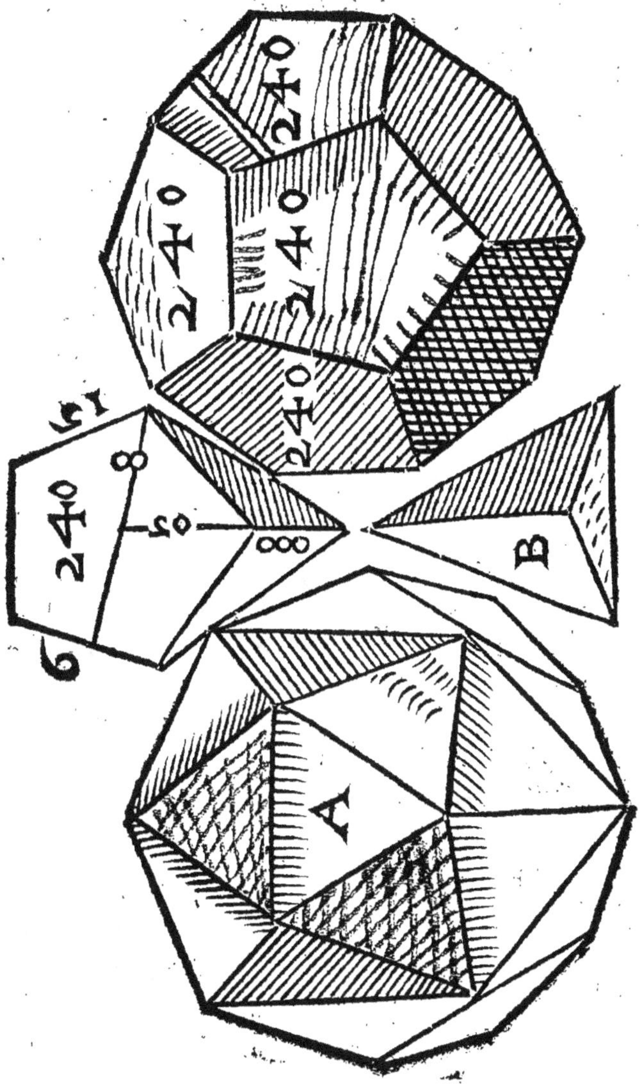
240
240
240
240
240
A
B

ITē si tu veux auoir la quantité du dodeca hedrō, premieremēt te fault iceluy considerer estre composé de Pyramides pentagones, desquelles la base apparoit par dehors & les poinctes viennent à s'assembler au centre: or desia t'auons nous monstré la quantité de la pyramide pentagone, reste que sçaches combien audict dodecahedron il y a desdictes Pyramides pentagones: or appert il qu'il en y a douze par les douzes bases apparentes par dehors. ayant donc la quantité d'vne pyramide pentagone, & la multipliant par 12, auras le contenu de toute la grosseur dudict dodecahedrō. Exēple, nous auōs trouué la base de la pyramide du pēthagone auoir 240, laquelle ie multiplie par la hauteur de la Pyremide 20, & a produict 4800, duquel nombre la tierce partie m'a rapporté 1600, qui est la quantité de ma pyramide pentagone. Et voyant que le dodecahedron est composé de 12 telles, multiplieray ladicte pyramide 1600, par 12, & le prouenu me rapportera la grosseur & quantité du dodecahedron, qui est 19200.

Item si tu veux, sçauoir la quantité de lautre figure de A ycosaedron, qui est vn corps à 20 faces triangulaires, considere premier quil est composé de 20 pyramides triangulaires, telles que la pyramide de B: parquoy ayant trouué (comme auons monstré) la quantité de ladicte pyramide triāgulaire de B, si tu la multiplies par 20 qui est le nombre de celles qui sont en la figure ycosaedron, le prouenu te rapportera la grosseur & quantité de tout ledict corps ycosaedron.

Du globe rond.

QVant au corps spherique & solide, troue premier la superfice de son plus grand cercle, & apres multiplie icelle par le diametre, & prens les deux tierces parties du prouenu & icelles te raporteront tout le corps solide.

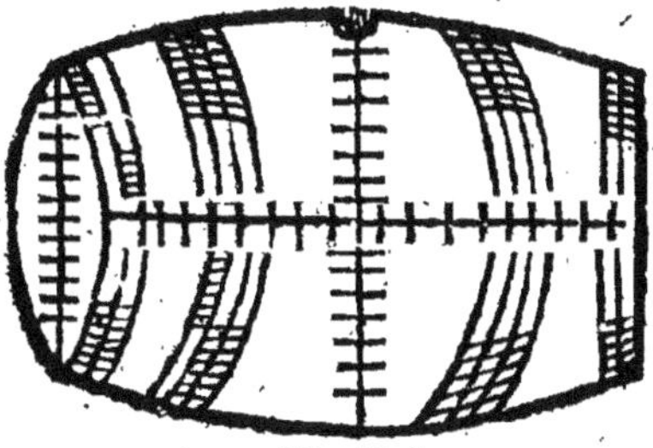

EXéple ie veux sçauoir que côtiét le corps spherique precedét ei cherche p̃mieremét la superfice du grand cercle, côme auons monstré multipliant la moytié du diametre, qui est 7, par la moytié du circuit qui sera 22, & prouiédra la superfice vraye du cercle 154, laquelle de rechef ie multiplie par tout le diametre & prouenu 2156 : duquel nombre les deux tierces parties me rapporteront le corps spherique, en toute grosseur, qui sera $1437\frac{1}{3}$.

Item si tu veux auoir le contenu du muy ou tonneau de la precedente figure, prens la profondité du millieu, qui est 16, & la profondité du fronc, qui est 12, & adiouste ensemble ces deux nõbres, prouiendront 28, duquel prouenu prens la moitié, qui est 14, auras le diametre proportional à ce requis. Apres trouue le vray circuit ou cercle conuenant à iceluy diametre (comme auons monstré par la portion du diametre ou cercle, qui est comme 7 à 22) disant: si 7 me donnent 22, combien me donneront 14? poursuiuant la reigle de trois, prouiendront 44, qui sera la circonferẽce ou cercle: duquel comme auons veu par les precedẽtes regles, la base sera 154, laquelle si tu multiplies par la longueur, qui est 18, prouiendra la vraye quantité & grosseur en toute quarreure cubicque du predict corps solide, dict muys ou tonneau, 2772.

Regle generalle de la quantité de tous vaisseaulx & de leurs concauitez.

COngnoissant le moyen de mesurer les corps precedens, la science de mesurer le concaue de tous vaisseaux, & discerner ou separer la quantité du vaisseau de la quantité de son contenu, sera facille: & pour ce faire, fault premierement mesurer la quantité & grosseur du vaisseau

vaiſſeau auec ſon contenu comme auons monſtré. Apres faudra meſurer la ſeule cõcauité ou contenu dudict vaiſſeau, multipliãt la baſe par la profundité d'icelle concauité ou contenu, & prouiendra la ſomme de la concauité, deſquelles deux ſommes de tout le vaiſſeau, & de toute la concauité, ſubſtrairas la moindre, qui eſt celle de la cõcauité de la plus grãde, qui eſt de tout le corps, & reſtera la quantité dudict vaiſſeau. Et par ce moyen tu auras la quantité du vaiſſeau à part, & la quãtité de ſon concaue & contenu, ſelon que bon te ſemblera.

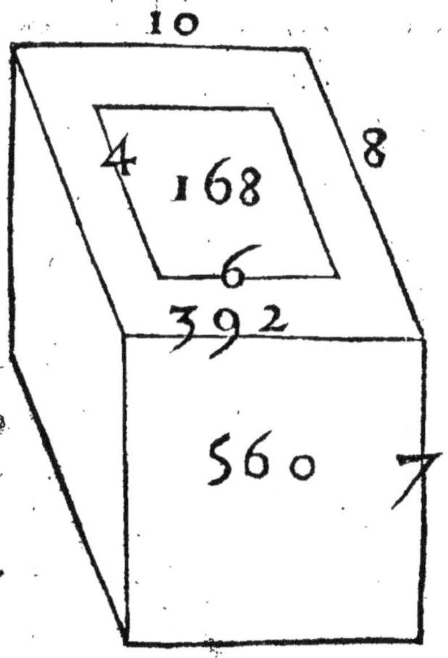

Exemple.

MVltiplie en premier lieu l'vn couste 10 par le cousté 8, & prouiendront 80, qui est la base. Apres multiplie la base 80 par la profundité 7, & te rapportera tout le corps comme sil estoit solide, qui est 560. Apres venans à la concauité, multiplie le cousté 4 par le cousté 6, & tu auras la base 24, laquelle si tu multiplies par sa profondité 7, prouiẽdra 168, qui est toute lespace & capacité du cõcaue dudict vaisseau, laquelle somme 168 de concauité, qui est la moindre, substrairas de la plus grã de qui est celle de tout le corps 560, & restera la quantité du seul vaisseau, à sçauoir 392, laquelle quantité ne doit estre contée en la somme des longueurs ou autres choses en iceluy contenues. Or appert il clairement qu'ayant esprouué vne fois combien de liqueur contiẽt vn pied, vne paulme, ou autre petite mesure cubique, pourrons facilement aperceuoir la capacité de tous vaisseaux.

Regle generale de tous les corps difformes.

OR ne pensay-ie point laisser aucune ambiguité par laquelle ayant la grosseur & quãtité d'vn corps, on nẽ puissance facillement exiger le cõtenu & capacité de son cõcaue. Reste que pour auoir regle generalle de tous les corps, tant difformes quilz soyent, il fault que le mesureur ait vn vaisseau regulier, duquel tu puisses congnoistre la quantité du concaue, & iceluy remplis d'eau iusques a l'extremité: & apres plonge ledict corps difforme dedans le vaisseau remply d'eau, & apres que l'auras sorty dehors dudict vaisseau, mesure par les regles precedentes, combien s'en faudra de leau dudict vaisseau, & auras la vraye grosseur & quantité dudict corps difforme: mais estant assez aduerty des precedentes regles, n'auras en ce besoing d'exemple.

De l'extraction des racines, & premierement de la racine quarrée.

OR as tu veu comme le quarré ne rapporte qu'vn nombre de tous coustez, car ilz sont tous egaux, & par consequence ne sont faictz que d'vn nombre multiplié par soymesme: Comme 4 foys 4 sont 16, 3 foys 3 sont 9, & se nomme le nombre duquel ilz sont faictz racine ou costé parce que ledict nombre tousiours se rencontre à tous costez, & parce qu'il est necessaire tāt à lart militaire qu'a plusieurs autres belles demonstrations de sçauoir exiger & congnoistre icelle racine quarrée, de tout nombre qui nous est proposé, auant que passer plus outre monstrerōs l'art pour trouuer icelle premierement donc noterons quelques nōbres quarrez auec leurs racines icy mises.

Racines	1	2	3	4	5	6	7	8	9	10
Quarres	1	4	9	16	25	36	49	64	81	100

Premierement diſpoſe le nombre propoſé pour extraire la racine quarrée, tout ainſi qu'ē la diuiſion, comme tu vois au ſuyuāt exemple: apres note les characteres, de deux en deux, d'vn poinct, cōmençāt au premier à la dextre, en laiſſant touſiours vn ſans noter. Ta diſpoſition ainſi faicte, te reſtera faire ſeulement deux choſes: l'vne eſt que toutesfois & quantes que tu poſeras vn charactere au nombre graue au demy cercle, que tu poſe auſsi le meſme charactere ſoubz vn des poinctz notez, ſelō que leur ordre viendra. La ſeconde qu'au lieu de tranſporter ton diuiſeur ou ton nombre a reprendre, doubleras le nombre graue du demy cercle, & ainſi doublé, le diſpoſeras au lieu du nōbre à reprendre, tellement qu'il finiſſe apres le dernier charactere qui eſtoit à reprendre en la precedente operation. Et fais des aultres comme en la diuiſion.

1	1̣	9	0̣	2	5̣		A
						(3	B
3							C

En ceſt exemple premier regarde quel quarré eſt plus prochainement contenu au nombre leger 11, qui eſt ſur le premier poinct, & tu trouueras que c'eſt 9, duquel la racine eſt 3: près donc icelluy 3, & le loge au nombre graue du demy cercle: fais conſequemment ta diuiſiō à gauche ſoubz le cercle premier, diſant. 3 par 3, ſont 9: oſte 9 de 11, reſtera 2. Apres pour le transport de ton nombre à reprendre ou diuiseur, double le nombre graue, seront 6, lequel logeras apres le dernier nombre à reprẽdre de la precedente operation qui estoit 3, cõme vois icy.

```
   2
  11 9 0 25              A
  ·    ·   ·
  ——————————————————(3 4  B
  3 6 4                  C
```

APres diras 6 en 29 est contenu 4 foys, pose 4 au nõbre graue B, & consequemment soubz le poinct mis en 0, & ta diuision faicte, resterõt 34 sus 0. Apres au lieu de transporter ton nombre à reprendre, doubleras la somme de B, & prouiendront 68, lesquelz disposeras au lieu dudict nõbre à reprẽdre, en sorte qu'ilz finissent tousiours apres le dernier charactere du nombre à reprendre de la precedente operation.

```
        3
      2 5 4
    1 1 9 0 25
      ·   ·   ·
  ——————————————————(345
      3 6 4 8 5
          6
```

APres diras 6 en 34 est contenu 5 fois mesme le 4 & 5 en la reste sera bien autant: parquoy note 5 en la somme, & consequẽment soubz le poinct suyuãt. Apres auoir faict la diuision ne restera rien : parquoy concluras iceluy nombre 119 025 estre quarré, & le nombre graue estre son veritable costé ou racine.

```
            3
        2   5   4
        1   9   0   2   5          A
        .       .       .
  ----------------------------(345   B
    3   6   4   8   5              C
            6
```

OR as tu veu en la diuision des entiers, que quand le secõd ou tiers charactere du nõbre à reprendre n'estoit tant contenu au nombre leger que le premier à reprẽdre, alors failloit diminuer le costé des fois qu'il y estoit contenu, pour faire place aux autres à reprendre, & que quand iceux ne pouuoient estre cõprins vne fois ou n'estoit vn lieu vuide au nombre graue par o, ce que sera ausi en vsage en o ceste operation : Parquoy en vain repeterois ce que trop mieux entends par les operations precedẽtes: toutesfois note que le reste de l'operation doibt estre separé par vne virgule, & au desoubs de luy le double du nombre graue. Exemple Ie veux auoir la racine de 18 il prouiendra. (4 $\frac{2}{8}$

Preuue.

LA preuue est tout ainsi que de la diuision, car en la diuision pour preuue as reprins, & adiousté le nombre à reprendre pour le nõbre graue, & est prouenu tel nombre leger que tu auois parauant, Ainsi par la racine du quarré qui eſt au nombre graue, reprens le meſme nombre de la racine, & le prouenu te raportera le nombre multiplice dont il eſt venu. Prenons pour exemple la racine quarrée 345, laquelle eſtoit au nombre graue de la precedente operatiõ, il eſt bon à veoir, que ſi 345, ſont multipliez par ſoy, ilz rapporteront le nombre leger duquel ſont prouenuz qui eſtoit 119025.

			3	4	5
			3	4	5
		1	7	2	5
	1	3	8	0	
1	0	3	5		
1	1	9	0	2	5

Mais notte que ſi apres auoir extraict la racine quarrée, reſte quelque nombre, (comme as veu en la diuiſion par le dernier exemple) il fauldra adiouſter iceluy nombre de reſte, auecques le prouenu de ta multiplication & te rapportera le nombre legier, dont il eſt yſſu.

Des fractions.

SI tu veux extraire la racine quarrée des fractions, prens la racine du nommeur & du nombreur, & auras la racine deſirée cõme la racine quarrée de $\frac{4}{16}$ cest $\frac{2}{4}$ ou bien multiplie le nommeur en soy, & le proueuu de rechef par son nombreur & du produict extray la racine, & icelle sera nombreur du nommeur precedent. Exemple $\frac{200}{100}$ prouiendront pour racine $\frac{1414}{100}$ ou bien $\frac{14}{100}$ ou bien $\frac{7}{5}$ & s'il reste quelque chose en telle extraction n'en doibs faire conte, voiãt que telles particules de nulle valeur sont à mespriser.

De L'vsaige du quarré.

LVsaige du quarré outre les progresiiõs d'algebre sert grandement en Astronomie & aultres machines Militaires, tellement que si auons la congnoissance de deux costez disposez à angle droict, comme vne tour sur la plaine terre, facilement paruiendrons par le quarré à la congnoissance de la vraye distãce, qu'il y a des lextremité de l'vn des costez, iusques à l'extremité ou haulteur de l'autre: car si tu dresses vne ligne droicte sus vne aultre, & des extremitez de ces 2 lignes tu estés vne corde, & apres ayant prins la quantité de ces trois costez si tu fais vn quarré de chasque costé apart, multipliant le nombre de sa quantité en soy mesme, (cõme auons monstré) le quarré qui sera faict de la corde contiendra autant, que les quarres faictz des aultres deux costez. Et par ainsi si tu prens les quarres des deux moindres costez, & d'iceux en cõposez vn, celuy sera esgal au grand quarré de la corde, Et

par

par conſequence ſera le coſté du quarré de la corde eſgal, au coſté du quarré composé : par quoy ayant la grãdeur des 2 coſtez (qui ſont faicts en forme deſguiere) trouueras facilemẽt la grandeur d'vne corde, qui compregne les deux extremitez. Si tu fais 2 quarrez des deux nombres, contenuz aux coſtez congneuz, les multipliant en ſoy à part, & apres les adiouſtez en vn, & d'iceluy nombre extrais la racine quarrée, certes icelle ne ſera autre choſe que le coſté du grand quarre meſme.

Q

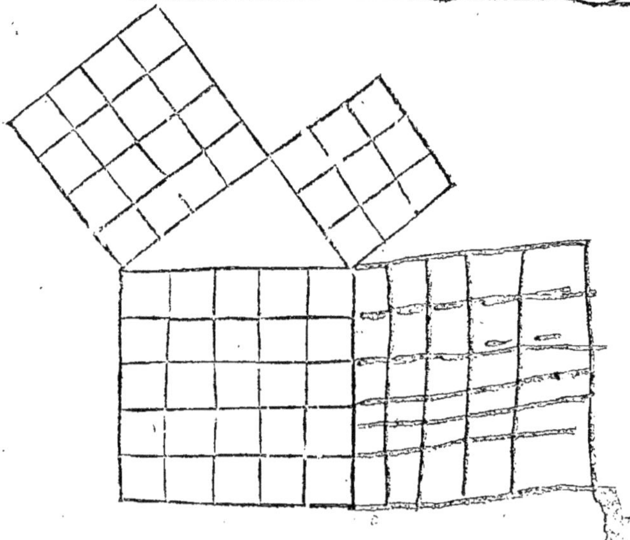

SI vne tour a 3 perches de haulteur & si ie veux faire vne eschelle qui vienne iusques au bout des 4 perches de loing, desia congnois ie deux costez à sçauoir la haulteur de la tour qui est 3 perches, & la lõgueur de la terre qui est 4 perches: premieremẽt donc ie fais vn quarré du costé de la tour qui est 3, & prouiẽt 9, apres i'en fais vn autre du costé de la longueur de la terre qui est 4 & prouient 16, lors si de ces 2 quarrez 16 & 9 i'en fais vn, lés adioustant l'vn à l'autre, prouient 25, duquel 25, extraictz la racine quarrée tu auras 5, qui sera la vraie grandeur que deura auoir ton eschelle, tout ainsi que tu veois que les 2 moindres quarrez de la figure, n'ont non plus d'espace que le plus grand quarré. Et mesme si ceux 2 sont assemblez, ne rapporteront que le grand quarré, & par consequẽce ayant le grand quarré, extraictz sa racine quarrée, & auras le grand costé d'iceluy, lequel representera la corde ou eschelle. Parquoy congnoissant ceste reigle estre generale, pouras inuẽter par toy mille subtillitez. En oultre si tu as 2 8 9 0 0 combatans & tu les veux mettre en bastillon quarré extraiz la racine quarrée de la somme toute, & prouiendront 1700 & cõcluras autant en faloir au premier reng, & ainsi des autres. Exemple, i'ay 100 hommes à mettre en quarré i'extrais la racine quarrée, prouiendront 10, autant en fault au premier rang.

10

A A A A A A A A A A
A A A A A A A A A A
A A C C C C C C A A
A A C C C C C C A A
10 A A C C C C C C A A 10
A A C C C C C C A A
A A C C C C C C A A
A A C C C C C C A A
A A A A A A A A A A
A A A A A A A A A A

10

ITem ſi tu veux dreſſer dudit nõbre de 100, vn bataillon en triangle, pour ſçauoir combien t'en fauldra au premier rẽg, double ledit nombre, ce ſeront 200: dõc la racine quarrée ſera 14, & ne fais conte du reſte, lequel 14 eſt le nombre plus prochain pour faire tõ premier reng, & iamais ne peult auoir faute ſinon que par cas fortuit il y euſt vne rẽgée incõplete qui defailliſt de la forme dudit triangle, cõme tu verras en ceſte racine faillir 4 hõmes en vne rengée. Pour bien cognoiſtre donc ſi ladicte racine de 14 en triangulaire eſt vrayement conuenante à ton nombre 100, vſe de la forme qu'auons faict en declairant le cõtenu des triangles premier prens le plus grand nombre qui eſt 14, & luy adiouſte le moindre qui eſt 1, ſeront 15. Apres prens vne vnité pour chaſque reng, ce ſeront de rechef 14, & ſi par ces

2 nombres 15 & 14, tu multiplie celuy qui eſt impair la moytie du pair, tu auras 105, qui eſt vray triangle & excede ton nõbre 100, de 5 : parquoy concluras en vn des 14 rangs deffaillir 5 hommes. Et ſi ledit triangle ainſi cherché à la racine quarrée rapporte moins de nombre que ta ſomme, diras qu'en as plus, Parquoy ſera facile au bon capitaine ce qu'il verra deffaillir & redonder, au dernier rang de diſpoſer à ſa diſcretion.

Du Corps Cubicque, & comme on pourra reduire toute la quantité en iceluy.

Corps cubicque n'eſt autre choſe que le prouenu de la baſe quarrée multipliée en haulteur ou profondité egalle au coſté d'icelle baſe. Prenõs pour exemple la baſe quarrée 4, de laquelle le coſté eſt 2 : ſi donc tu multiplies icelle baſe 4, par la hauteur eſgalle au coſté de ſa baſe 2, tu auras 8, & pourras facilement voir les nombres conuenantz au corps cubique au preſent exẽple auec les nombres de leur ſource ou racine leſquelz pratiqueras ainſi vne fois par vn ſont 1, & ainſi des aultres.

Cube est un corps solide qui a six superficies quarrees egales comme ce de dez tables. lequel est produit de la multiplication de 3 nombres egaux selon la def. 20. du 7. livre d'Eucl. le cube contient longueur, largeur, haulteur ou profondite.

racine							Cube
1	vne fois	par	vn	font	1
2	deux fois		deux		8
3	trois fois		trois		27
4	quatre fois		quatre		64
5	cinq fois		cinq		125
6	ſix fois		ſix		216
7	ſept fois		ſept		343
8	huict fois		huict		512
9	neuf fois		neuf		729

SI maintenant on te propoſe quelque quantité a reduire en cube, extrairas de la quantité propoſée la racine cubicque ainſi qu'auons monſtré d'extraire la racine quarrée, lequel artifice pourſuyuray par le menu voulant ſatisfaire aux rudes, priant cependant les plus exercitez ne trouuer ce faſcheux. Car en quelconque ſorte quil ſache deſguiſer ceſt artifice, ilz trouueront qu'autant ou plus d'operations ilz ont affaire, en leur façon que moy a la mienne, & peut eſtre moins aſſeurez. Quelque quãtité donc qui te ſoit propoſée te faudra noter le charactere à main droicte, d'vn poinct, & apres en poſeras 2 & noteras le tiers . Et ainſi des autres, comme veois en la ligne A de lexẽple ſuyuant.

1 2̣ 8 1 2̣ 9 0 4̣ A

(B

D

APres prēdras le charactere du dernier point à senestre, auec les autres, à sçauoir 12, & verras aux precedens nombres cubicques si ledict 12 est cubique. Et voyant qu'iceluy n'est pas cubicque, choisiras le cube qui plus prochain est contenu en iceluy lequel sera 8, apres logeras la racine dudict cube 8, laquelle est 2, au nombre graue, subkstrayant le cube d'iceluy 2 qui est 8 du nombre contenu au dessus du premier poinct à main senestre qui est 12, & resteront 4 & n'auras plus rien difficile en ta premiere operation.

	4								
1	2	8	1	2	9	0	4		A
								(2	B
	8								D

APres pour la seconde operation du suyuant, tu tripleras ledict nōbre de B, qui est 2 & auras 6, qui sera ton nombre triple, lequel logeras ou bon te semblera en quelque lieu a part, rcomme tu vois en l'exemple suyuant, le notant de la lettre T, comme triplé, & mettant vne vnité au dessus. Apres le multiplieras par tout le nombre graue de B, qui est 2 & prouiendront 12, qui sera ton diuiseur, par lequel souderas & verras combien iceluy diuiseur 12, est contenu au nombre leger, des le premier charactere, le poinct tendant senestre, lequel nombre est 48, & si trouueras 12 4 fois, mais parce qu'il n'y restera rien, ne se pourroit de la reſte extraire le cube de 4, parquoy dirons ſeulement ledit nombre 12 eſtre contenu au predict 48, 3 fois: lequel 3 marquerõs au nombre graue. Apres 2, Tu logeras ſemblablement à feneſtre iceluy 3 auec ſon quarré 9, & ſon cube 27, en la ligne droicte ſeparement, & lieras d'vne ligne ledict 3 auec ſon diuiſeur 12, le quarré 9 auec le triple 6, & le cube auec l'vnité. Apres multiplie par ces trois nombres 3, 9, 27, les 3 nombres liez qui leur reſpondent, qui ſont 12, 6, & vn, & auras leurs prouenuz, 36, 54, 27, leſquelz prouenuz lieras auec leur multiplicateurs: comme appert en l'exemple.

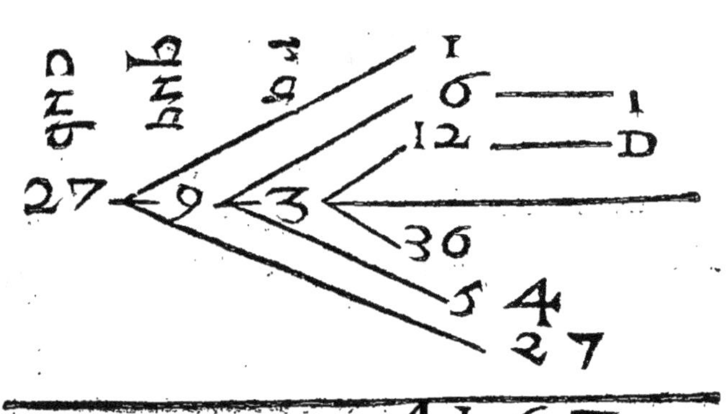

4
1 2 8 1 2 9 0 4

A ———————————— (23

8 1 6 7
4

MAis te fault obſeruer que le prouenu du quarré ſoit ſitué vne loge plus à dextre que le prouenu de la racine, & le prouenu du cube encores plus à dextre d'vne loge que celuy du quarré. Apres adiouſte ces 3 prouenuz, & auras le nombre de 4 167, lequel nõbre tranſporteras au deſſoubz du ſecõd poinct du nombre propoſé, qui luy reſpõd au deſſus, aſſauoir 4812, comme appert au precedent exemple A. Et le ayant ſubſtrait reſterõt 645, ainſi ſera acheuée la ſeconde operation, & ne trouueras autre difficulté en toutes les operations dn monde.

Exemple.

```
          6 4
        4 7 8 5
      1 2 8 1 2 9 0 4          A
        .       .     .
      ______________        (2 3 B
        8 1 6 7                C
        4
```

Venant à la tierce operation pour trouuer le nombre du ſuiuant poinct comme parauant, tripleras le nombſe graue de B, qui eſt 23, & auras pour nombre triple 69, lequel tu logeras ou bon te ſemblera à part, le deſignãt par T, cõme apert au ſuiuãt exẽple, & ſitueras vne vnité au deſſus. Apres multiplieras iceluy triple, par le meſme nombre graue de B. 23, & prouiendront 1587, qui ſera ton diuiſeur, & le noteras d'vn D, lors verras cõbiẽ iceluy diuiſeur ſera contenu de fois, au nombre cõprins des le premier charactere apres le ſecond poinct tẽdant à ſeneſtre qui ſont 6 4 5 9, & ſe trouuera 4, & par ainſi marquerons 4 au nõbre graue apres 3.

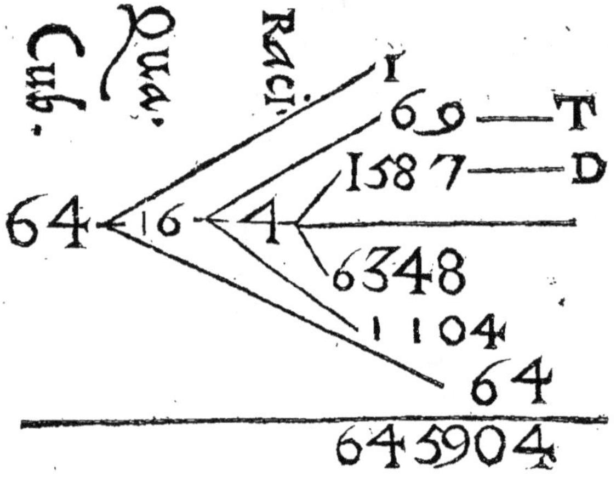

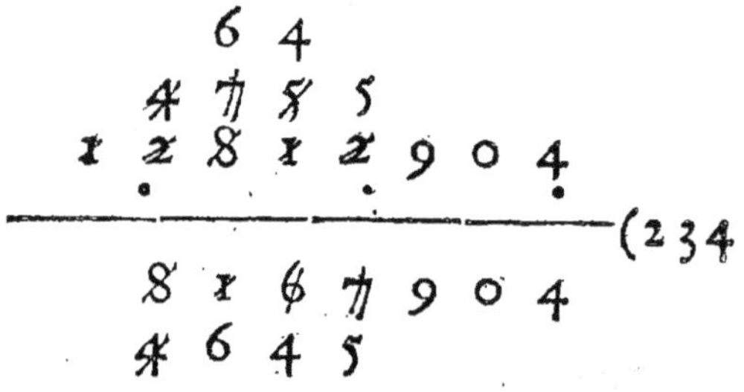

Tu logeras ſemblablement à ſeneſtre iceluy 4 auec ſon quarré 16 & ſon cube 64 en droicte ligne ſeparement, & lieras d'vne ligne le 4 auec le diuiſeur 1587, le quarré 16 auec le triple 69, & le cube auec l'vnité, Apres multiplies par ces trois nombres 4, 16, 64, les trois nombres qui leur reſpondent, à ſçauoir 1587, 69, & 1, & auras 3 prouenuz. A ſçauoir 6348 1104, & 64: deſquelz trois ꝓuenuz (cõme deſſus auons dict) le ſuyuant ſera touſiours vne loge plus à dextre que ſon precedent, cõme apert en l'exemple. Et les ayant ainſi adiouſtez, auras 6 4 5 9 0 4, lequel nombre trãſporteras au deſoubz du tiers poinct, cõme auons faict au precedent exemple, à la marque d'A, pour iceluy ſubſtraire du nombre leger contenu au deſſus, & ce faict ne reſtera rien: cõme icy peux veoir.

6 4
4 7 5 5
1 2 8 1 2 9 0 4 — A
(2 3 4 — B
8 1 6 7 9 0 4 — C
4 6 4 5

Tu pourras donc dire que le propoſé nombre leger 1 2 8 1 2 9 0 4 eſtoit vray cubique, duquel la racine ou coſté eſt 2 3 4, contenus au nombre graue. En toute ceſte operation n'a rien à cõſiderer, ſinon qu'au premier lieu fault trouuer le cube contenu ſur le premier poinct à ſenextre, & le ſubſtray dudict nõbre à ſenextre, ſituãt la racine au nõbre graue: cõme auõs faict 2. Apres pour l'operation du ſecõd poinct, fault faire la triplatiõ de tout le nõbre graue, & prouiẽdra le nõbre triple, deſigné par T, & fault multiplier iceluy triple, par tous les nombres cõtenuz au nombre graue, & prouiendra le diuiſeur deſigne par D. Conſequemmẽt fault eſprouuer, combien le prouenu ſe peult trouuer de fois au nombre multiplié comprins tant au premier charactere ſuyuant le poinct de la precedente operation, qu'aux autres characteres tendant a ſenextre, & la ſomme des fois combien il ſe trouuera, ſera ta racine à loger au nombre graue, laquelle racine logeras auſsi auec ſon quarré & ſon cube à ſenextre au bout de la ligne miſe ſoubz le diuiſeur tirant certaines lignes d'iceulx trois nombres, à ſçauoir de la racine, du quarré, & de ſon cube, aux trois nombres qui ſont le diuiſeur, Le triple & l'vnité. Et cela faict, ſi tu multiplies les trois deſſus par les trois à ſeneſtre, & les trois prouenuz adiouſtez, auras le nombre qu'il fault ſubſtraire du nombre comprins au poinct de ton operation tendant à ſenextre, tellement que ſi c'eſt la p̃miere operatiõ, ſubſtrairas des le premier poinct, ſi ceſt la ſeconde des le ſecond, tu ſubſtrairas des le ſecond, ſi ceſt la tierce, des le tiers, & ainſi des autres, & as à noter ce qu'auons dict à la duiſion, que ſi le predict prouenu ne ſe peult trouuer autant comme tu penſoys, te fauldra diminuer la racine d'vne vnité, mais s'il ne ſe peult nullement trouuer que poſes au lieu de la racine vn o. Procedant oultre & ton operation faicte, s'il y a du reſte, que tu le loges comme auons monſtré en la diuiſion.

Item ſi quelque nombre eſt moindre que tu n'en puiſſes extraire la racine pour l'extraire le plus exactement que faire ſe pourra, premierement conuertiras iceluy en centieſme ou autres parties telles que bon te ſemblera, pour laquelle choſe faire, multiplie les parties centieſmes ou autres, par elles meſmes cubicquement, & par le prouenu de rechef multiplie tondict nombre proposé, & de ce qui prouiendra exige la racine, comme auons monstré. Exemple, soit proposé le nombre 623 pourautãt que tel nombre n'a nulle racine cubique ie le conuertiray en centiesmes cubiques & apres en extrairay la racine comme s'ensuytie multiplie, premierement 100 en soy cubiquement, & prouiẽdront 1 0 0 0 0 0 0, par lequel nõbre ie multiplieray le nõbre proposé 623, & prouiendront 6 2 3 0 0 0 0 0 0, duquel la racine cubique sera 854, & resterõt 164136, si diras donc estre la racine de 6 2 3 le nombre de $\frac{854}{109}$, qui vallent 8 entier 6 & $\frac{54}{100}$. Et quand à la reste qu'estoit demourée, n'en feras conte.

Des fractions.

Qvant aux fractions, pourras faire le mesme qu'au precedẽt exemple. A sçauoir applicquer au denominateur & au nombreur esgallement, des o, & apres extraire la racine cubicque d'vn chascun des deux, à sçauoir du nominateur & nombreur à part, & tes deux prouenuz, te raporterõt la racine de la fractiõ, Exemple. si tu veulx sçauoir la racine de $\frac{3}{4}$, en premier applicque au nommeur & au nõbreur à chascũ, deux ou quatre o en ceste sorte, $\frac{30000}{40000}$, apres par les reigles precedentes trouueras la racine de 30000 estre 173: semblablement la racine de 40000 valoir 200 parquoy concluras la racine de $\frac{3}{4}$ estre $\frac{173}{200}$.

Des proportions.

PRoportion eſt certaine habitude ou raiſon qu'à vne quãtité au reſpect d'vne autre. laquelle apres ſe diuiſe en proportiõ d'equalité, & proportiõ d'inequalité. Proportiõ d'equalité eſt quãd deux quãtitez cõferées l'vne à l'autre ſont egales. Proportion d'inequalité au cõtraire, & a trois eſpeces à ſçauoir ꝓportiõ d'Arithmetique, Geometrie, & Muſique, Proportion d'Arithemeticque eſt l'habitude que les nombres ont entre eulx, par progreſsiõ de meſme exces, comme 1, 2, 3, 4: car tout ainſi que 4 excede 3 d'vne vnité, auſsi faict 3 le 2 precedẽt, & iceluy 2 l'vnité, laquelle precede, ce que facilement peulx conſiderer en vne ligne ou rengée de la figure penthagone ſuyuante, la ou tous les nombres de loge en loge ſe excede de meſme & eſgalle quãtité. Proportion de geometrie eſt la conuenance & conformité des habitudes ou raiſons finiſſantes en diuers, nombres. Et pour exemple prẽdrons ces trois nombres 2, 4, 8. Icy apert que 2 a vne conuenance à 4 que 4 à 8, car tout ainſi que deux en 4 eſt cõtenu 2 frois, auſsi 4 en 8, voyant donc ceſte conuenance d'abitudes en diuers nombres, dirons icelle eſtre proportion de geometrie, or d'autant que ceſte conuenance ſe faict entant qu'vn vault le double, de lautre, dirõs eſtre proportion double, comme apres verrons plus amplement. Proportion de Muſique eſt quand les interualles ou differences qui ſont comprinſes entre trois nombres ont meſme raiſon ou habitude l'vne à l'autre, que les deux extremes nombres. Exẽple 2, 3, 6, tu voys en ces deux extremes 2 & 6 l'vn qui est 2, estre contenu en lautre qui est 6, trois fois semblablement des interualles ou differences qui sont 1 & 3, car tu veois 1 estre contenu en 3 trois fois qui est triple proportion, diras donc 2, 3, 6, estre en proportion de musique, & ce plus amplemẽt verras en la musique cy apres mise.

Du moyen proportionnal d'Arithmetique.

MOyen proportional n'est autre que la quãtité moyenne entre deux autres, ayãt telle raison au moindre & premier nombre, que le plus grand & troisiesme à luy mesme. Et disons estre troys moyẽs de proportiõ selon les trois diuersitez, à sçauoir d'Arithmetique, de Geometrie, & Musique. Quant au moyẽ d'Aritmetique, tu le trouueras tousiours si adioustant deux nombres proposez, tu prẽs la moytié d'iceux. Exemple, ie veux auoir le moyen de 4 & 12, ie adiouste 4 & 12 prouiennent 16, duquel la moytié est 8, sera nombre moyen proportional entre 4 & 12 car autant excede 8 le 4, comme 12 le 8: d'auãtage si on me baille les deux premiers 4 & 8 ie trouueray le troysiesme, adioustãt le moindre au plus grand qui est 8, car 8 excede le premier 4 autãt que le tiers 8, diras dõc 4 & 8 sont 12 qui est le tiers nombre requis en la proportion 4, 8, 12. En outre si on me baille les deux derniers nombres 8 & 12, ie trouueray le premier substrayant lexces, duquel le tiers 12 excede le ſecond 8, lequel exces eſt 4: car ſubſtrayant 4 de 8, reſtera 4 le premier de la progreſsion 4, 8, 12. Et par ce moyen, te ſera facil le eſtendre ta progreſsion tant que bon te ſemblera, comme peux veoir en la figure du pentagone ſuyuant, & ſi on te propoſe quelque progreſsion telle, facilement diras combien il y aura de vnitez en toute la ſomme. ſi tu adiouſtes le premier nombre de la progreſsion auec le dernier, & garde le prouenu. Et de rechef. Conte combien il y a de nombres ou loges en ta progreſſion, & confere le prouenu au parauãt gardé au nõbre des loges, & de ces deux ſommes multiplie l'impair par la moytié du pair, & auras la ſomme de toute la progreſsiõ. Exemple. ſoit propoſé ceſte progreſsion 4, 8, 12, 16, premierement adiouſte le premier 4 au dernier 16, prouiendront 20, lequel nombre garderas. Apres aſſemble le nombre des loges, & auras 4, qui eſt nombre pair. Multiplie donc par ſa moytié, qui eſt 2, le prouenu au par auant garde, qui eſtoit 20, & auras 40, tel ſera le nombre des vnitez comprins en ladicte progreſſion 4, 8, 12, 16, & ainſi des autres.

Semblablement auras le moyen de geometrie entre deux nombres propoſez, ſi tu multiplie l'vn par l'autre, & du prouenu tu prens la racine quarrée. Exẽple, Ie veux auoir le moyẽ entre 3, & 12. Ie multiplie l'vn par l'autre, prouiennẽt 36, duquel prouenu la racine quarrée eſt 6, qui eſt le vray moyen entre 3 & 12. Car telle proportion qu'a 3, à 6, telle a 6 à 12, aſſauoir

uoir double. D'auantage si ayant les deux premiers 3, & 6, tu veux auoir la troisiesme, multiplie le second 6 en soy, & auras 36, apres le ꝓuenu diuise par le premier 3, & auras le tiers 12, ou bien par la regle de troys, qui est le mesme diras si 3 me donnēt 6 combien 6? & auoir faict l'operation, auras pour tiers nombre 12, par le mesme ayant les deux derniers 6 & 12. Si tu veux auoir le premier, diras. Si 12 me donnent 6, combien 6? Et auoir parfaict toute l'operation, prouiendront 3 le vray premier nombre de la progression 3, 6, 12. Ainsi peux dilater ta progresion infinimēt. D'auantage pourras auoir quelque nombre proportionnal, encores que ne soit pour la ꝓchaine loge, pour laquelle chose faire, en premier lieu feras quelques progresions, par les regles precedentes, lesquelles ayant mis par ordre, soubzcripras certains nombres, selon la disposition naturelle & commenceras soubz le second. Apres auoir logé o soubz le premier, cōme icy appert.

3.	6.	12.	24.	48.			
o.	1.	2.	3.	4	5.	6.	7.

Par ces nombres pourras faire merueilleuses operations: car si tu prens deux d'iceulx quelconque qu'il soit, & multiplies l'vn par lautre prouiendra vn nombre lequel si tu diuises par le premier de ta progresiō, rapportera le nombre conuenant en la loge laquelle te monstreront les deux nombres escriptz dessoubz. Exemple. Ie presupose ne sçauoir point le nōbre qui est au dessus de 4, à sçauoir 48: Ie le veux trouuer par le moyẽ des precedens: voyãt dõc que le nombre requis eſt pour mettre ſur le nõbre 4. Ie choiſiray donc au nombre deſſoubz, les deux quantitez, leſquelles adiouſtées pourront faire 4, comme 1 & 3, & apres prendray les deux nombres qui leur reſpondent, à ſçauoir 6 & 24: & multipliãt l'vn par l'autre, prouiendront 144: leſquelz diuiſez par le premier de la progreſsion qui eſt 3, raporteront 48, qui eſt le nombre requis en la quatrieſme loge, ſpecifiée par les deux nombres deſſoubz, qui ſont 1 & 3, leſquelz ioinctz vallẽt 4. Tu feras le ſemblable ſi tu veulx auoir le nombre de la ſeptieſme loge: & premierement choiſiras les nombres deſſoubz leſquelz adiouſtez ferõt 7, cõme 3 & 4, & prens les deux nombres qui leur reſpondent, qui ſont 24 & 48, & multiplie l'vn par l'autre, & prouiendront 1152, leſquelz diuiſant par le premier nombre de la progreſsiõ qui eſt 3, auras le nombre conuenãt à la ſeptieſme loge 384, & ainſi des autres. Pour auoir le moyen proportional de Muſique: aſſemble les deux nombres propoſez, & garde le prouenu: apres multiplie l'vn des deux par l'autre, & doubleras le ꝓuenu: & apres iceluy doublé, diuiſe par le nõbre parauant gardé, & auras le moyen de Muſique. Exẽple. ſoit propoſé de trouuer le moyẽ de Muſique entre 3 & 6 en premier lieu adiouſte 3 a 6, ſeront neuf, lequel nombre te fauldra retenir apres, multiplie les deux propoſez 3 & 6 l'vn par l'autre, il prouiendra 18. Si tu doubles donc de rechef ces 18, auras 36, lequel nombre diuisé par le nombre au parauāt gardé, qui estoit 9, rapportera 4, & tel sera le nombre moyen entre les deux nombres proposez 3 & 6, diras donc 3, 4, 6 estre progressiō de Musique.

Semblablemēt ayant les deux premiers termes, comme 2 & 3, facilemēt trouueras le suyuant, ainsi que s'ensuyt: multiplie l'vn par l'autre, & auras 6, lequel nombre garde: apres prens la difference de 2 & 3, laquelle est 1, & l'ayant substrait du moindre d'iceux, qui est 2, restera 1, par lequel nōbre si tu diuises le predict prouenu gardé 6 auras 6, & diras iceluy 6 estre le vray terme cōmode en la tierce loge de ta progression de Musique, sçauoir est 2, 3, 6. Autre exemple,

Soyent proposez 6. & 8, multiplie premierement 6 par 8, prouiennent 48: apres substrais 6 de 8, resteront 2: duquel noteras la differēce q'uil a à 6 moindre nombre des deux proposez, laquelle difference sera 4, par lequel 4 diuiseras le prouenu dessus gardé, qui estoit 48, & prouiendront 12: diras donc estre la vraye proportion en musique 6, 8, 12.

Consequemment si ayant les deux derniers, desires auoir le premier, multiplie les deux nō bres entre soy, & garde le prouenu: apres prens la differēce des deux, & l'adiouste au plus grād, & par le nombre qui en prouiendra diuise le prouenu au parauant gardé, & auras le nombre requis.

Et note que iaçoit que la progression de Mu

sique se puisse aucunesfois dilater, comme appert par la figure du cube qui a six superfices, huict angles solides, 12 costez, & 24 angles superficielz, qui n'est autre que la progresśion de Musiq̃, dilatée en ces quatre termes 6, 8, 12, 24, si est-ce que en ceste progresśiõ ne aux precedentes ne sont tous nombres commodes à receuoir entre eux proportion, cõme plus amplement le monstre Cardan, parquoy alors que par les regles precedẽtes ne trouueras le moyẽ des proportions, diras les nombres proposez n'en auoir point.

Des genres & especes des proportions d'inequalité.

Proportiõ d'inequalité est quãd vn nõbre est cõferé à vn autre qui luy est inegal: cõme 2 à 4, ou biẽ 6 à 2. Proportiõ d'inequalité a 5 especes, à sçauoir 3 simples, & 2 cõposées: les 3 simples sont multiplice, superparticuliere & superpartiẽte. Les deux cõposées sõt multiplice superparticuliere, & multiplice superpartiẽte. Lesquelles cinq especes, verras en la presente figure selon la dispositiõ de ses cinq costez, sçauoir est les trois simples dessus & dessoubz, & les deux composées à dextre & à senestre double superpartiente a dextre & double superparticuliere a senestre.

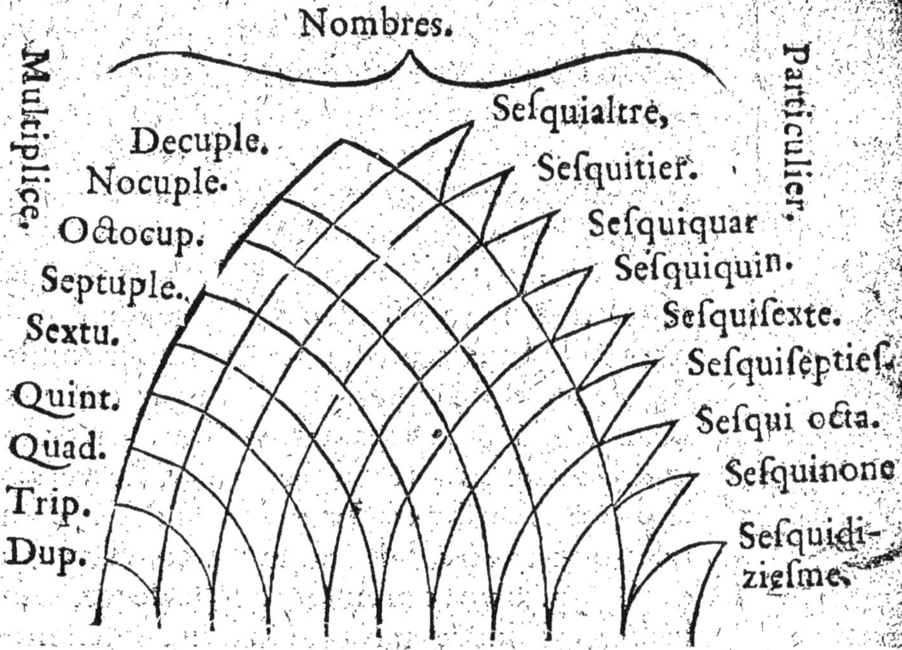

1	2	3	4	5	6	7	8	9	10	11
2	4	6	8	10	12	14	16	18	20	22
3	6	9	12	15	18	21	24	27	30	33
4	8	12	16	20	24	28	32	36	40	44
5	10	15	20	25	30	35	40	45	50	55
6	12	18	24	30	36	42	48	54	60	66
7	14	21	28	35	42	49	56	63	70	77
8	16	24	32	40	48	56	64	72	80	88
9	18	27	36	45	54	63	72	81	90	99
10	20	30	40	50	60	70	80	90	100	110
11	22	33	44	55	66	77	88	99	110	121

doub. ſeſqui tierce,
triple ſeſqui altre.
doub. ſeſqui quart.
dou-ble ſeſqui quite.

doubl. bipart. tierc.
doubl. tripar- tiente quart.
triple bipar- tientes tierces.

Super Bipartie te tierces
quartes.
Tripar- tiente
Quadru partiéte quintes.
Quintu- partiéte ſextes.
partient.

OR multiplice eſt quand vn nombre contient vn autre rondement quelque fois, comme 4 contient 2. par deux fois rõdement, 9 contient 3 par trois foys rondement. Et quand vn nombre contient vn autre deux foys, la proportion eſt dicte duple: comme de 4, à 2, ſi troys, triple cõme 9: à 3 ſi quatre, quadruple, comme 2 à 8: & c'eſt facilement declaré en la precedente figure. Au nombre multiplice au coſté ſuperieur, la ou par tous les lieux que la ligne venant de l'vnité ſe viẽt adioindre auec les autres lignes, en icelle verras la proportion que ladicte vnité à deux, ou à trois, ou à quatre, deſignée par la concurrence des lignes. tu voys premier la ligne de 1, & celle de 2, ſe ioindre en la proportion duple: ſemblablement la ligne de 1, & de 3, en la proportion triple: & ainſi des autres. Et qui plus eſt telle proportion qu'a vn, à 2, telle proportion a toute la ligne de 1 en deſcendãt, à toute la ligne de 2, en deſcendant. Semblablement toute la ligne de 1, & de 3, en deſcendant a meſme proportion, que 1, à 3, & ainſi des autres.

Proportion ſuperparticuliere eſt quand vn nombre contient vn autre & encores vne partie d'auantage, comme vn liard contient vn double vne foys, & encores vne de ſes parties qui eſt la moytié, ou vn tournois, diras dõc ceſte proportion quand vn nombre contient l'autre vne foys & ſa moytié, ſexquialtre: s'il le contient vne foys & ſa tierce partie, ſeſquitierce: ſi vne foys & ſa quatrieſme partie, ſeſquiquarte: & ce t'est plus facilement designé par les lignes precedentes, des nombres de la figure au costé droict. premierement regarde au dessoubz le nom de sexquialtre, & si tu suytz les deux lignes qui en prouiennent s'offriront deux nombres à sçauoir 2 & 3, lesquelz nombres font la premiere proportion superparticuliere, qui est sexquialtre. Et apres tendant en bas & poursuyuant de degré en degré, verras tousiours le nombre de la ligne de troys, contenir le nombre de la ligne de deux, & sa moytié entiere & ainsi des autres: parquoy poursuyuras toutes les especes du degré superparticulier, selon la direction des lignes.

De superparciente.

PRoportion superpartiente est quand vn nõbre contient vn autre vne fois & en oultre plus que d'vne de ses parties, cõme vn blãc contient vn liard, & 2 de ses parties qui sont 2 tournois & telle proportiõ à sçauoir quand vn nõbre cõtiẽt vn autre vne fois & en outre deux de ces tierces parties, est dicte bipartiente tierces: & si vn nombre contient vn autre vne fois & trois de ses parties, comme 7 a 4, sera dict supertripartientes quartes, si vne foys & quatre de ses parties comme 9 contient 5 vne fois, & quatre de ses parties qui sont quintes, super quadripartientes quintes, tu en verras certains exemples à la partie inferieure du pentagone, lesquelz poursuiuras par leurs colonnes le reste pourras mieulx adiouster par toy comme ſextupartientes ſeptieſmes 7 a 13, ſeptupartientes octaues 8 a 15, octupartiẽtes neufieſmes 9 à 17, nõcupartiẽte dixieſmes, 9 à 19 & ainſi des autres.

Des deux compoſez.

MVltiplice ſuperparticuliere eſt quand vn nõbre cõtiẽt vn autre plus que d'vne fois & encores vne partie comme vn blanc conferé à vn double, car vn blanc contient vn double deux fois, & la deuxieſme partie d'vn double, qui eſt vn tournoys. Or quand vn nombre contient vn autre plus que d'vne fois, il eſt multiplice, & quand le cõtient vne fois & en oultre vne partie, il eſt ſupparticulier, par ainſi le nõbre qui contient vn autre plus que d'vne, fois & encores vne partie, il ſera dict multiplice ſuperparticulier, & cõpoſera ſon nõ des deux gẽres de proportion, & par exemple ſi vn nombre contiẽt vn autre deux fois, & encores ſa ſeconde partie ou moitié, comme vn blanc contient vn double deux fois, & ſa moitie qui eſt vn denier, ſera dicte proportiõ double ſeſquialtre, comme 5 à 2, s'il le contiẽt trois fois & ſa tierce partie, ſera dicte proportion triple ſeſquitierce, comme 10 à 3, ſi quatre fois & ſa quatrieſme partie quadruple, ſuperquatupartientes quartes, tu en verras certains exemples à la partie gauche du pentagone, & pourras cõpoſer les autres du pentagone facilement.

De

L'usage de ces operations est grand en toutes sciéces, mais singulieremẽt en Geometrie, Astrologie, & Musique. Exemple en Musique. Ie veux sçauoir quelle resonance me raportera vne quinte dicte, diapenté, & vne quarte dicte diatessaron, estans adioustées ensemble. Prendras premieremẽt leurs proportions, à sçauoir la proportion de la quinte, qui est sexquialtre $\frac{3}{2}$, & la proportion de la quarte qui est sexqui tierce $\frac{4}{3}$, apres icelles adiouste par les regles precedentes, & auras $\frac{12}{6}$ qui est la proportion double, designant vne octaue, dicte double, ou dyapason. Au cõtraire ie veux substraire ou diuiser vne octaue ou dyapason par vne quarte ou dyatessaron, ie prens la proportion de l'octaue, qui est $\frac{12}{6}$ & la diuise par la proportion de la quarte, qui est $\frac{4}{3}$, & prouiẽdra $\frac{36}{24}$, qui est la proportiõ d'vne quinte. Mais pour plus clairement t'apperceuoir des predictes proportiõs, reduiras icelles à moindre denominatiõ, comme auons mõstré aux fractions: car $\frac{36}{24}$ n'est autre chose que $\frac{3}{2}$, & ainsi des autres.

IL y a encores infinies régles de cest art, traictées par diuers auteurs, lesquelles si ie voulois escripre, seroit ce volume infiny : mais par ce qu'il m'a semblé que les precedentes souffiroyent, tant par le commun vsage, comme pour donner ouuerture & intelligence à toutes autres regles & questiõs pour le present ne serons plus prolixes : esperant aussi en bref auoir parfaict vn petit liuret, intitulé les enigmes d'arithmetique ou ie ne penſe rien obmettre, qui puiſſe audict art eſtre deſiré, Priant cependant le benin Lecteur receuoir en bonne partie ce petit fruict de noz labeurs.

Acheué d'Imprimer le xiij. iour d'Octobre,
1 5 5 4.

Faultes suruenües en l'Impreßion.

Au Fueillet 5, page 1, ligne 19, liras & nombre pareillement pair, & pareillement nompair. fue. 8, pag. 2, lig. 17, en la somme de l'addition, liras 184000650 3. fue. 17, en toute la diuision le nombre nouuellement transporté ne doit estre rayé. fue. 28, pag. 2. lig. 3 faut $\frac{30}{24}$ *& non* $\frac{302}{24}$ *fue. 41, pag. 2, lig. 2, fault quarres & triangles. fue. 47, & 48, au lieu de edron, liras hedron. fue. 45, pag. 1, sont des tiltres transposez, à sçauoir quarres au lieu de plus long, & Rombe au lieu de Romboide. fue. 50, pag. 2 lig. 15, longueurs pour liqueurs. fue. 51, pag. 1, liras pour la lōgueur de la pyramide pentagone 1600, & non 000. fue. 53, pag. liras piedz pour pidz. fue. 55, pag. 1, en la section du cercle liras 12* $\frac{1}{2}$ *fue. 60, pag. 1, la somme doibt commencer soubz le premier 5. fue. 62, pag. 1, lig. 1, liras troys perches, non 4.*

[illegible]

[illegible]

[illegible]

[illegible] $\frac{1}{4}$ [illegible]

[illegible] $\frac{1}{2}\frac{1}{4}$ [illegible]

[illegible]

[illegible] $\frac{1}{2}\frac{1}{64}$ [illegible]

[illegible] $\frac{3}{4}$ [illegible] $\frac{1}{16}$ [illegible]

[illegible] $\frac{3}{4}\frac{1}{4}$ [illegible] $\frac{1}{2}\frac{1}{64}$ [illegible]

[illegible] $\frac{1}{3}$ [illegible] $\frac{1}{2}$ [illegible] $\frac{1}{4}$ [illegible]

[illegible] $\frac{1}{2}$ [illegible]

[illegible] $\frac{1}{2}$ [illegible] $\frac{2}{4}$ [illegible] $\frac{1}{4}\frac{1}{4}$ [illegible]

[illegible] $\frac{1}{2}$ [illegible] $\frac{3}{4}$ [illegible] $\frac{1}{4}\frac{1}{4}$ [illegible]

[illegible] $\frac{2}{4}$ [illegible] $\frac{1}{2}\frac{1}{16}$ [illegible]

[illegible] $\frac{2}{4}$ [illegible] $\frac{3}{4}\frac{1}{4}$ [illegible]

[illegible] $\frac{3}{4}$ [illegible] $\frac{2}{4}$ [illegible] $\frac{3}{4}$ [illegible] 64 [illegible]

[illegible] 3116 [illegible]

[illegible]

[illegible]

[illegible]

[illegible]

9 [illegible]

$\frac{3}{4}$ [illegible] 73 $\frac{1}{8}$ [illegible]

[illegible] 1200000 [illegible]

[illegible] 115 [illegible] 1200000

200 [illegible] 1200 000 [illegible]

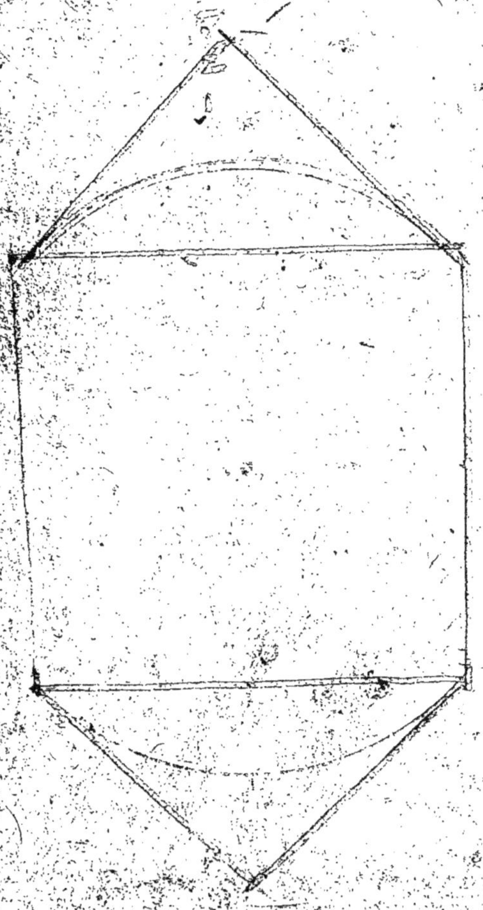

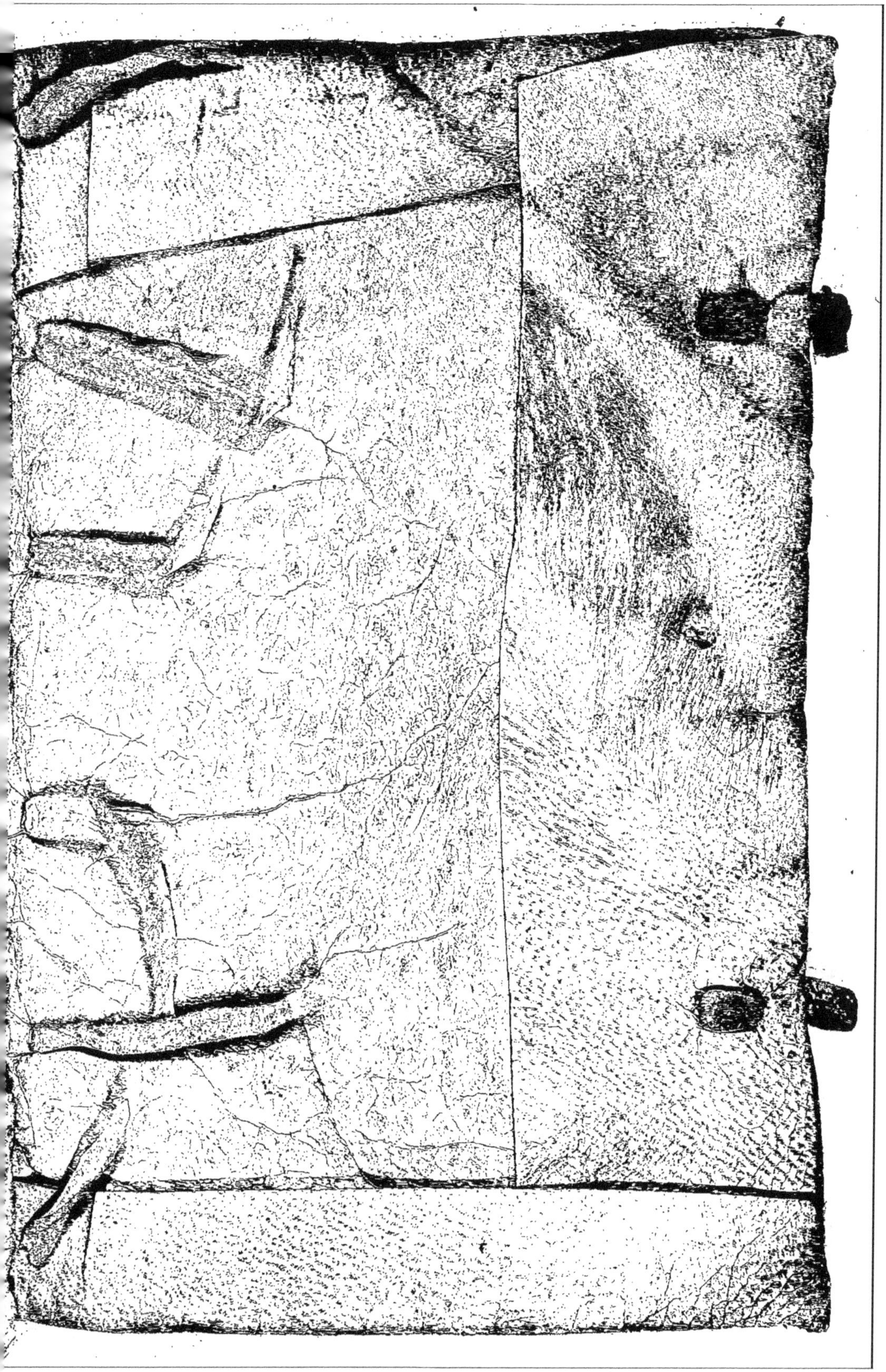

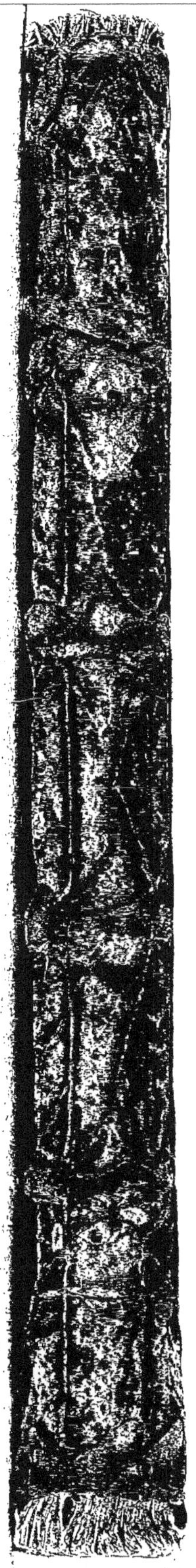

www.ingramcontent.com/pod-product-compliance
Lightning Source LLC
Chambersburg PA
CBHW071846200326
41519CB00016B/4258
* 9 7 8 2 0 1 1 3 3 2 2 7 1 *